Travel Classics Library

探險與旅行經典文庫

12

馬可孛羅

The Fun of it

飛行的樂趣

Amelia Earhart
愛蜜莉亞・艾爾哈特

馬英、陳俐雯 譯

愛蜜莉亞・艾爾哈特

目次

第一章　多樣童年

每當有人問起我的飛行事業，我知道遲早都會聽到：「想必妳小時候一定很有機械天分吧？」說實話，從一些小地方來看的確是。我會盯著自己做的陷阱，看著它困住闖入後院的小雞。我的童年與同時代的美國女孩差不多，都是從生活中現有的東西創造樂趣。

然而，回顧童年，的確有某些蛛絲馬跡深深影響了我，引我走向飛行這條路。我和身為鐵道員的父親一起去過許多地方，因此從小就喜歡認識新朋友和新環境。我也喜歡各式各樣的運動和遊戲，不害怕嘗試當時許多長輩認為只有男生才能做的事。我勇於嘗試，內心總有一股喜歡挑戰新事物的衝動。在正式投身飛行事業之前，這些蛛絲馬跡經年累月不斷交織、匯集成形，最後成為了我。

還是話說從頭吧！

母親說過許多精采故事，最出色的是關於她的童年。姊姊和我每次說到那段神祕而遙遠的年代，都會說：「幾千年前，當媽媽小時候……」現在我回顧自己的孩童時期，似乎在這種幼稚的引句中，感受到新意涵，所以我想還是用這種引句為我的模糊歷史起個頭吧！

幾千年前，我誕生在美國堪薩斯州愛奇森郡（Atchison）。我的父母當時並不住在那裡，定居當地的是我的外祖父母。外公以前是地方法院的法官，但我出生前他就已經退休。外婆來自費城，戰後才離開那座城市，家裡是基督教貴格會（Quaker）信徒，她以前住的房子，開窗就可以看到舊式的基督教堂，那間房子至今仍在。我認為她內心從未真正習慣西部生活，因為她不時出現一些話語或行為，讓我覺得費城人一定比愛奇森人優秀許多（這一點當然從未被證實）。

當年外婆來到堪薩斯州時，這裡還很蠻荒，剛建好的火車軌道旁排列著成堆的水牛骨頭，城裡總會看到披著毯子的印地安人。我記得她告訴我，當她這位年輕的家庭主婦上市場時，印地安人會圍在她身旁，掀她的菜籃蓋子瞄裡面的東西，還會摸她的衣服布料，直到她怕得不得了，把他們的好奇心當成惡意，嚇斥他們後，這些人才罷休。

我來堪薩斯州的時候，已經看不到什麼印地安人，雖然我曾多次希望有天會遇到。我最靠近水牛的經驗，是在穀倉裡發現一件快腐爛的舊牛皮披肩。坦白說，我所認識的堪薩斯州已經失去某些曾有的活力。

在進入主題之前，應該提一下我來自費城的祖父母。爺爺是基督教信義會（Lutheran Church）的牧師，我只能依稀記得他是個身材高大、話不多、雙手瘦弱的人，而奶奶在我出生前就過世了。

我進入高中前，先在愛奇森郡就讀一所私立預備學校。我的名字取自外婆，冬天時父母會把我寄養在外婆家與她作伴。我很確定自己是個討人厭的小女孩，不知道她是如何忍受我的，即使冬天只有幾個月。

我就像許多讓人討厭的小孩一樣，也很喜歡上學，但從未得過老師的歡心。也許因為我特別喜歡唸書，所以大人還能夠忍受我。那裡有一間大圖書館可以讓我埋首瀏覽，我學會認字後，可以好幾個小時都不去煩任何人。華特．史考特（Sir Water Scott）、查爾斯．狄更斯（Charles Dickens）、喬治．艾略特（George Eliot）、威廉．薩克萊（William Makepeace Thackeray）的著作，以及《哈潑少年》雜誌（*Harper's Young People*）和一個世代的《少年同伴》雜誌（*The Youth's Companion*），全攤在眼前等我大嚼特嚼，還有一些已經被人遺忘的書籍，例如《造句博士》（*Dr. Syntax*）。在擁擠的書架上，我還發現五十年前所謂的童書，書中的乖男孩和乖女孩最後永遠戰勝壞男孩和壞女孩。

現在回頭看小時候讀過的書，我並不覺得失望，也不知道是因為書的內容，還是自己的緣故。我想這種經驗就像中年人離家多年後回到家鄉，好不容易嚐到一口小時候最愛吃的草莓一樣。他當然知道這些草莓和自己在他處吃到的，味道其實差不多。每個超過三十歲的人都能理解這個道理；不過也沒重要到三十歲就得理解。

書本對我的童年很重要。我不但自己看了很多書，每天早晚母親也會大聲朗讀書本給我和姊姊聽。這個習慣變得根深柢固，甚至有時候我們女孩子必須做家事時，不是兩個一起做，而是母親會選一人大聲唸書，讓另一人做家事。

有一陣子我以為父親已經飽讀天下書籍，當然也就無所不知、無所不曉。他可以像字典一樣解釋最艱難的字，我們常想盡辦法希望能考倒他，而他也想盡辦法讓我們目瞪口呆。我還保留了一封他寫給我的信，開頭是：「親愛的平行六角形」，害我翻遍字典想找出它的意思。

除了文字，他的另一個特長就是會大聲朗讀《匹克威克外傳》（*Pickwick Papers*）這類帶著喜劇幽默風格的書籍，把書中的故事詮釋得非常好笑。他會連續幾個星期講精采的連環故事給我們聽，多半是西方驚悚小說，由他來扮演了故事主角。例如：

第十九章……

後方矮丘傳來一記槍聲。我的同伴已經拿著槍站在那裡了。

他說：「我們被包圍了。」

我大喊道：「看那邊！警長正帶人往這裡過來。我們一定要撐下去，等他們來。」

又傳來一記槍聲，我趴到地上。

「我被射中了，老麥。」我呻吟著。

觀眾中傳來喘息聲。

「你真的被射中了嗎，艾爾哈特先生？」

「真的嗎？我被射死了，」我父親一本正經地回答。「在我閉眼之前，看到警長帶人及時抵達，救了其他人，不過那是下一章的故事。」

我父親的偶爾死亡、失去一條胳臂或一條腿，是用來擾亂聽得太過投入的鄰居小孩。

有時候他也加入肢體表演，到了星期六就和鄰居小孩一起扮演印地安人。他扮成印地安酋長或警長，接下來就開始玩起瘋狂的作戰遊戲。他的鼻梁上留有一次突襲後的傷痕，因為一些追兵玩得太興奮，正要把穀倉門關起來，印地安酋長的頭恰好撞穿了大門。

這些印地安戰爭的場景都發生在德莫恩（Des Moines）的穀倉，除了外婆的穀倉，這是我唯一認識的穀倉。對我這個城市小孩來說，能有穀倉玩就很幸運了。

只可惜我所生長的年代，女孩子仍然受到傳統的規範。雖然人們可以接受女孩子讀書識字，但卻無法接受她們從事戶外活動。我喜歡打籃球、騎腳踏車、打網球，我嘗試所有激烈運動。由於我未曾接受指導，光靠著自己摸索，日後也很難有優異表現。我真希望那時候鼓勵年輕人學習運動的風潮，已經像現在這麼普遍。因為運動帶給我莫大的快樂，很可能我會比現在學到更多技巧、也更輕鬆。然而，我那時只純粹為了快樂而運動，也累積了各種錯誤的習慣。

舉例來說，我的騎馬經驗和大多數人一樣。姊姊和我曾用糖果和甜點引誘鄰居的馬，牠的身體太光滑，也太高了，我們根本很難爬上馬背。但我想騎馬想瘋了，所以某天一輛送油馬車停在家前面時，我實在忍不住想爬上馬背，於是踩著馬車車軸爬了上去。雖然我後來必須讓人抱下來，但我等不及下次再騎上馬了。

之後，我認識了兩個女孩，她們的父親經營一間肉鋪，偶爾不趕著送貨時，他會讓女兒騎在拉馬車的馬匹上。這些馬有點老了，也不是很適合用來騎乘，但其中一匹腳步沉重的栗色馬，顯然年輕時曾輝煌過，因為當我們騎上牠後，牠便毫無原因地開始跳躍奔跑。這匹馬開啟了我快樂的騎馬之路。

我不太瞭解外婆不希望我騎馬的原因，畢竟母親曾是一位美麗、狂熱的騎師。也許是因為母親所引起的焦慮和白頭髮，破壞了我的騎馬機會。總之，不論我怎麼說破了嘴，告訴她穀倉裡的空馬房是多麼浪費（除了那間被一頭很凶的黑白花紋母牛霸占的馬房），最後還是枉然。在她看來，我反而應該覺得滿足，至少表面上我已經有兩隻總坐在前院、耐心十足的壯狗。

就像許多中西部的家庭，我們夏天也會去湖邊避暑（那座湖剛好在明尼蘇達州）。在那裡，另一匹馬進入了我的生命。牠是一匹大約十二歲的印地安野馬，還很活潑，只要有餅乾，幾乎可以賄賂牠去做任何事。因為我們找不到馬鞍，所以姊姊和我騎牠時，有大半時間最後都是走路回家。她有一次被蘋果樹的樹枝從馬背上刷了下來，現在身上還留有傷疤。一直到許多年後，我接受正確的騎術指導，才發現騎馬這回事和我之前以為的完全相反。

在運動方面，男生總是比女生受到更多重視；事實上，男孩子受到的重視太多了，他們很容易就能學到各類運動或田徑項目，但大多數的女孩子卻沒這種機會。女孩子想在運動方面發展的誘因也比較少，就算她們真的想嘗試，機會也有限，通常要到上大學，運動方面才會受到較多關注。

造成這種現象的原因，當然不只是缺乏設備或師資。女性的衣著多半是裙子，而（女孩子長大以後穿的）高跟鞋更使她們的動作受到侷限。而且，衣裙的質料比男性的衣服更容易損壞，所以女孩子舉手投足間也得處處留意，以免扯破衣服。

傳統帶來的阻礙不亞於服飾。古時候女子無才便是德的觀念，演變成現在不論她們想嘗試什麼新活動，人們就自然而然開始質疑。女生在體能上是否適合做男人的活動，當然還未見定論。網球、騎馬、高爾夫球和其他運動，看起來並不算很劇烈，但人們卻很急著斷言這些運動對女孩子有害。

當我從學校跑回家，跳過外婆家的籬笆時，我知道這樣害她擔心得要命。有一天她對我說：「妳不懂，當我還是小女生時，做過最劇烈的運動就是在廣場上搖呼拉圈而已。」

我覺得自己非常不淑女，連續好幾天回家都刻意繞到大門口進門。如果我是男孩，抄這種捷徑應該是非常自然的事。我並不是建議女孩子應該跳脫她們的束縛，開始從事運動訓練；但假使她們知道如何正確做運動，不會造成運動傷害，也不會太過刺激長輩，那麼運動的樂趣想必應該會更多。

當然，我承認有時候有些長輩需要稍微接受一點刺激，但這個過程對身處其境的人來說，其實並不容易。我是從和姊姊到鎮裡買第一件運動服的經驗，學到這個道理。我們每個星期六穿著運動服去玩耍，雖然都覺得非常「自由自在」，但同時也覺得在一群穿花裙的小女生裡，我們好像成了異類。只要對二十五年前

（本書完成於一九三二年）的服裝稍有概念的人，應該都能理解我們當時的行為是多麼大膽。

除了穿運動燈籠褲，女孩子平躺在雪橇上滑下坡道也是粗鄙的行為。現在回頭看這些荒唐的觀念，讓我覺得自己已經好老了。但就是這種不成體統的玩雪橇方法，救了我一條小命。

那時我從鎮上一座險坡飛衝而下，一匹戴著大眼罩、拉著一輛拾荒者馬車的老馬剛好從岔路跑出來。坡道結滿了冰，我根本沒辦法轉彎，拾荒者也沒聽到我的尖叫聲。一眨眼，馬和我都還來不及反應，我的雪橇就已經溜過馬的前後腿之間。如果我是坐直在雪橇上，我的腦袋或馬的肋骨一定會撞得慘不忍睹，不過我想受傷的很可能是牠的肋骨。

一封寫給我父親的聖誕節家書，是這樣開始的：

親愛的爸爸：

慕莉兒和我今年想要足球，拜託。我們真的很需要足球，因為我們已經有很多棒球、球棒……

聖誕節到了，足球也到了，姊姊也成功靠甜言蜜語得到一把點二二小型玩具氣槍。但我們卻發現身邊最在乎的大人不太喜歡這些遊戲，因此我們常失去使用新玩具的機會。

至於那把玩具槍，我們拿來在後院圍籬上打空瓶子，只玩了幾天，就神祕失蹤了。後來，我們從一處神祕藏匿地點翻了出來，但大人卻說沒收槍枝的充分理由，就是小女孩不應該拿著槍到處亂打。

姊姊一找回這把槍，就拿來射穀倉裡的老鼠。目前為止，這是我們兩個做過最盛大的獵捕行動。

我六歲時，如果心血來潮，也用自己發明的陷阱捕捉東西。那是一個裝橘子的空木箱，上面有一個鉸鏈蓋。我將箱子側放，把蓋子像雨篷一樣伸出去，然後用一根棍子支撐著。我在那根棍子上綁了一條長線，然後拿著線的另一端躲在樹後面。當我拉那根線時，棍子就會飛出來，蓋子就啪啦關起來，而且關得滿牢的，因為我大費周章在蓋子上貼了許多粗橡皮圈。

我的獵物多半是小雞，我和姊姊把牠們叫做「作威作福的咕咕」。因為鄰居的母雞有時會逃跑，闖入我家花圃。爸媽的抗議沒有什麼效果，所以我覺得自己可以解決這個問題，只要一隻一隻抓住這些侵略者就行了。我在木箱周圍和裡面撒了一些麵包屑，竟然真的引誘到一隻雞進入我的陷阱裡。當這隻吃驚的小雞在裡面拍動翅膀鼓譟時，真是一陣喧鬧、羽毛亂飛！我又害怕又開心，也體會到非洲獵人獵捕到狂暴大象時的興奮之情。

我趕緊衝回屋內。

「媽！媽！」我喘著氣，「我抓到一隻鄰居的雞了，要怎麼處置牠？」

媽媽聽了我勇敢的故事後說：「當然是還給人家囉！妳應該知道留著這隻雞

就是偷人家的東西。」

真是晴天霹靂！這次歷險最後是不甘願地收場，只留下鮮明的回憶。

我小學到中學這段期間，多半是在愛奇森郡度過，那是一段非常美好的時光。我們定期有運動比賽、上學、泥球大戰、野餐、在密西西比河沿岸的岩壁玩突襲探險遊戲。河岸的一些沙岩石穴，讓我們玩得不亦樂乎，探險成為孩子們的狂熱活動。

我們這一小群探險家很小氣，不希望別人發現某些特別好玩的洞穴。

「我們可以用警告牌子把別人嚇跑。」有人建議。

「『小心』——聽起來滿危險的，」另一個人這麼說。

「怎麼拼？」

「B-e-w-e-a-r。」

「我覺得應該是B-e-w-a-r-e。」

「可是，熊的拼法是b-e-a-r啊！」

「這樣吧，我們在一邊的牌子寫這種拼法，另一邊寫另一種拼法，」群體中的獨裁者如是說。

那些警告牌想必看起來很可怕！

密西西比河本身就很刺激了。黃濁深沉的河水常有看似深邃又危險的漩渦，河床也總是會被漲洪淹沒。我們幾個孩子從沒真正靠近過河床，有些人還依稀記得一九〇三年的大洪水，那時河水蔓延到房舍的溝渠，沖走了橋梁，淹沒了整片低地。

我們特別愛玩「坐台車」這個遊戲，總是樂此不疲。外婆的穀倉裡有一輛廢棄的舊馬車，我們就坐在裡面踏上想像的旅程。還好外婆家隔壁住著兩個領悟力很高的表弟，他們每次都會天馬行空冒出許多點子。我們就這樣一起漫遊世界，沒有離開穀倉就體驗了許多刺激的探險。

在一整天的旅途後，馬匹慢慢走著。

「我們不是早該到下個城鎮了嗎？」一位乘客隨口說著。

「如果我們沒走錯路，應該天黑前會到。」馬伕陰森森回答。

（所有人開始仔細研究地圖。）

「我們還是看看地圖，這裡看起來很陌生，」左後方的乘客建議。

「我不記得有這些沼澤，而且根本沒看到半間房子，」右前方的乘客也跟著應和。

「那是什麼東西？」

老天爺，那是什麼？我知道在真實世界裡，就算遇到再可怕的東西，也絕不比幻想中的影子那麼令人毛骨悚然，因為它在乾草堆的陰暗角落作勢要攻擊我們，又像從樓下牛棚一步步走上嘎吱作響的樓梯。

幼年時，我們星期六的另一個消遣，就是在自己建造的磚爐上煮午餐。記憶中的主菜總是炒蛋，我們也樂於接受從各家廚房後門拿來的食物，好增加菜色。

雖然我不喜歡學校的烹飪課，但是滿喜歡這種烹飪遊戲，也相信就是這個遊戲使我長大後開始研究烹飪。

我們的遊戲就是研究出新菜色。我惹惱了幾位廚子，因為我想創造出原味可口的佳餚，所以把豆莢、玉米殼和其他材料混在一起煮。

那時我才發現，原來我挑選的許多材料其實非常普通，而且還有很多我不知道的植物，都被人拿來當成日常食物。

但我知道有一樣東西到現在還沒人使用過。我從小就參加基督教聖公會的主日學，每個星期天都要上教堂。當然，以色列人漂泊荒野途中接受上帝賜予神奇食物嗎哪（manna）的故事，也深深印在我腦海裡。我當時以為自己很清楚嗎哪應該是什麼味道，所以花費很大的精力，拿了麵粉和糖想做出來。

不用說，我當然沒做出這種天賜的食物。我深信，它應該是一種小小的、白色的、圓形的鬆餅，介於雞蛋泡泡芙和天使蛋糕的東西。也許有天我放棄飛行事業後，會再嘗試做做看，因為我知道如果能成功做出來，一定會熱賣。

雖然學校很好玩，但每當父親被分派到長途勤務時，我們小孩子偶爾也得到了蹺課的機會。父親的一生都與火車脫不了關係，當他展開行程時，也讓我們全家打包跟著去。我們到加州等地的長途旅行，似乎並沒有影響到學校課業，我想也許是因為從旅行得到的東西和課堂上一樣豐富。

當然，在那個年代，如果有私人汽車可以邀請朋友一起旅遊或吃飯，是相當奢侈享受的事。我們並不是每次都乘坐汽車旅行，但偶爾也有機會享受到。我一直到十六歲才買火車票，就連現在我還是覺得買火車票很奇怪。也許那段時間的經驗，對我日後進入飛行事業也有一些影響吧！

在父親擔任鐵道員那些年，我們一家人經常旅行，在堪薩斯市、德莫恩、聖保羅、芝加哥這些城市間來回穿梭。我們有很長一段時間不斷接觸新城市，但也很快就熟悉了新環境。我從來沒在同一個地方居住超過四年，每當有不熟的人問候我說：「我來自妳的老家。」我總是會問：「你說的是哪一個？」

我至少讀過六所高中，但還是以正常的四年時間畢業。我最後就讀的是芝加哥海德公園高中（Hyde Park High School），這所學校也給了我一張文憑。

我不覺得男孩子特別喜歡我，但我也不記得曾經為這種情況而感到萬分難過，也許可能有點懊惱沒辦法多多練習跳舞吧，因為我只有一、兩名忠實舞伴。順道一提，我認為跳舞是世界上最快樂的消遣。我一直很喜歡跳舞，最珍愛的東西就是外婆打從小女孩時就收藏的三張唱片，裡面有她那個年代的流行舞曲，還有一些多愁善感的歌。

第二章　飛行與我初相遇

我讀高中時，開始對物理、化學很感興趣，畢業近一年後，才進入費城附近的歐公茲學院（Ogontz School）。二年級的聖誕假期，我跑去多倫多，姊姊在那裡讀聖瑪格麗特學院（St. Margaret's Collоge）。我在多倫多第一次體認到世界大戰的意義，我沒有看到光鮮的新制服或管樂隊，只看到四年辛苦掙扎的結果：失去胳臂或雙腿、半身不遂和雙眼盲目的人們。

有一天，我同時看到四名瘸著一隻腳的男子，他們用盡最大的力氣一起走在街上。

「媽，我希望待在這裡，去醫院裡幫忙。我不想回學校當個沒用的人。」我回家時這麼說。

「那樣妳就沒有辦法畢業了。」母親說。

我不在乎。我放棄所有回學校的念頭，準備成為護理助手。雖然我努力與美國紅十字會聯繫，但不知為何那些文件從來沒填完，於是我在多倫多的一間醫院工作了幾個月，直到第一次世界大戰停戰。

護理助手的工作從刷地板到陪伴復原病人打網球，樣樣事情都包辦。病人稱呼我們「姊妹」，而我們則到處張羅照顧他們的需要。

他們會說：「請幫我揉揉背，姊妹。我躺在床上好累。」或「妳今天能不能帶個冰淇淋給我，我不想吃米布丁了？」

我們從早上七點忙到晚上七點，下午休息兩小時。大多數時間我都待在廚房，後來待在藥房，因為我懂一點化學。也許是因為他們信任我不會喝掉醫療補給的威士忌吧，這比懂不懂化學更重要些。

當流行性感冒侵襲多倫多時，我是少數獲准值夜班的志工。我被派到肺炎病房，在擁擠不堪的病房中幫忙從桶子中舀出藥品。

我相信自己就是在一九一八年的冬天開始對飛機產生興趣。我以前在郡政府的園遊會上看過一、兩架飛機，現在卻有機會看到很多架，因為這些飛行官都在多倫多郊區的各個機場受訓。當然，老百姓是沒機會坐這些飛機升空的，但我閒暇時就到處晃晃，盡可能觀察。我還記得那些訓練機起飛時，從螺旋槳往後吹的雪花打在我臉上的刺痛感。

時光冉冉，第一次世界大戰停戰當天我還待在多倫多。那一天令人難忘！一整天哨音不斷。那時路上根本找不到交通工具，每個人都必須走路才能到市中心，我想大概每個多倫多市民都去了。私人轎車也冒著可能進退維谷的危險，駛入人潮洶湧的街道；電車公司索性放棄前行，乾脆把電車停下來。年輕人拿著大型的灑麵粉器，朝年輕小姐噴灑。「嘿！小妞，戰爭結束了！」啪！結果倒楣的小姐變成了雪人。市民紛紛跳起了街頭蛇舞，一個一個把別人的帽子打掉。在狂歡喧鬧聲中，我沒有聽到任何有關感謝的字眼。

短暫的醫院生涯結束後，我也成了病人。大概是因為我白天像平常一樣玩樂，然後又整晚工作。總之，人類的臉頰後方有一個小洞叫做「竇」，病菌就逗留在我的這個地方。結果我動了幾次小手術，然後花了很長一段時間復原。有一段時間我待在北安普頓（Northampton）姊姊的住處，她在那裡就讀史密斯學院

(Smith College),其餘時候我待在喬治湖(Lake George)。在北安普頓時,我選修了一堂關於汽車引擎修理的課程,奠定了日後汽車實用知識的基礎。

但我早就對醫學很嚮往,也希望未來能從事這類工作。於是我到了紐約,進入哥倫比亞大學,在那裡修習了所有醫學相關課程,幫助我朝這項工作前進,另外還奢侈地修了一堂法國文學課。

我的學生生活還是一樣很愉快,雖然唸得很辛苦,而且口袋裡也沒什麼錢,但如果真的願意,紐約的學子其實不需要太花錢就可以享受到許多樂趣。卡內基音樂廳(Carnegie Hall)的階梯雖然不是那麼舒適,但習慣大蒜味後,我在那裡愉快欣賞了許多場音樂會。就連哈德遜河(Hudson River)對岸的帕利塞茲公園(Palisades Park)也很適合健行,而且坐渡輪到那裡只要花幾分錢。

我猜自己看起來大概很強健,因為有一次和三個朋友到帕利塞茲公園健行(我們定期都會去那裡遠足),到一間小店買三明治當午餐時,老闆打量著我們,然後說:「我敢說妳們一定是從農場來的。」

愛蜜莉亞・艾爾哈特（右三）第一次修理引擎，攝於麻薩諸塞州北安普頓的汽車引擎修理課

偏偏我們這幾個女孩都沒去過農場。也許這位老闆不太習慣看到城市人在假日做這種活動吧！

我對校內所有嚴禁通行的地下道瞭若執掌，我大概已經探遍校園內所有小角落。我曾坐在圖書館階梯上的金色雕像的膝上，我大概也是最常造訪圖書館圓頂上方的人。真的，是屋頂的上方。

幾年後，我回到哥倫比亞大學，又發揮了爬上圓頂的技巧，在那裡觀看一九二五年日蝕的經驗真是太美妙了。我和一位知名的生物學家站在那裡，眺望聖約翰大教堂（St. John’s Cathedral）最高點上的天使雕像。連我在內的三個人是全世界最清楚看到月影吞噬太陽的人。

我只再看過一次日蝕，那次是從空中看的。一九二四年，我剛好身處在美國本土陸地和加州卡特琳娜島（Catalina Island）之間的奇特黑暗現象中。

我在哥倫比亞大學所學的地下道知識，其實沒多大用處，不過這也可以說是我在大學所學到的另一件事。

我大概只花了幾個月就發現自己恐怕不適合當醫生。雖然我很喜歡醫學，特別是它的實驗性質，但光是想到未來的臨床工作，就讓我招架不住，例如想到可能會坐在一名憂鬱患者的病床邊，把沒有藥效的糖衣錠拿給根本沒有生病、卻懷疑自己生病的病人。

我想像自己用專業的語調說：「如果你吃藥，膝蓋的疼痛就算不會完全消失，也會減輕很多。」

這幅畫面讓我覺得心虛而且虛偽。我那時沒想到治療心理疾病的難度也可能像治療生理疾病一樣，雖然所用的方法並不一樣。

然而，當我們年少方剛，有時就會做出日後看起來似乎很膚淺的決定。我就是這樣決定不唸醫學，在父母的聲聲請求下，毅然離開哥倫比亞大學到了加州。

我離開紐約後，原本仍繼續學醫，畢竟，我對於醫學仍然很感興趣。但不知何故，尚未進入西岸的大學之前，我就被飛行吸引。在多倫多對飛行初萌芽的興趣，使我看遍附近所有飛行特技團。然後，我拉著父親一起去，慫恿他問一些問題，我越來越興趣盎然。

有一天，他和我到長灘（Long Beach）去觀看一場競賽。「爸，可不可以問那位飛行員，要學多久才能開飛機。」我指著一名穿著制服的瀟灑年輕人。

我的好爸爸問完之後跟我說：「這顯然因人而易，一般人大概花五到十個小時。」

「能不能問問看上課要花多少錢？」我又拜託他。

「答案是一千元。妳問這個做什麼？」

我其實不太確定。總之，那段日子我就是以這種傳話方式與那些耐心的飛行員對話。不知怎的，我內心好像隱隱有東西快要起飛。

我第一次飛行的機場是在洛杉磯郊區。當時，那裡只不過是片威爾夏大道（Wilshire Boulevard）上的空地，四周都是油井。那位飛行員法蘭克．霍克斯（Frank Hawks）當時已經是世界知名的速度代表人物，他保持的快速飛行紀錄次數無人能敵。

當我們一離開地面，我就知道自己這輩子注定要飛行。我看到幾哩外的碧海，還有好萊塢的山丘像老朋友般與我們的駕駛艙對望。

「我想學開飛機，」那天晚上我輕描淡寫地告訴家人，雖然心裡知道如果無法實現，我一定傷心欲絕。

「這想法不壞，」父親也淡淡地的回應。「妳什麼時候要開始學？」我告訴他，我還得去問問看，要是有結果一定馬上告訴他。母親似乎也一樣不反對。

當時並沒有正規的飛行學校，開班授課的多半也是從戰場上回來的軍人。幾天內，我就報名了飛行課，帶著某人付錢買的裝備回家。

「妳該不會是認真的吧？我以為妳只是在許願，我可沒錢讓妳去上飛行課。」父親一臉驚訝地說。

我知道就算他真的喜歡飛行這個想法，也不是打從心底接受。顯然，他以為如果他不付錢，我就不會去飛行。但我的心意已決，而且也找到了第一份工作，我會去電話公司上班，以支付一心渴望的課程費用。

從那時起，家人就很少看到我的蹤影。因為我整個星期都要工作，星期六和星期天還會到市區幾哩外的機場。坐車到機場就要一個多小時，下車後還要沿著灰塵瀰漫的公路步行好幾哩。在那個年代，女人學飛行真的需要穿褲子和皮夾克，因為機場的灰塵非常多，飛機也很難爬上去。飛行員的衣著多半很像軍人制服，為了盡量不惹人注目，我的穿著也是同樣風格。

有一天我走在那條灰塵路上時，一位汽車駕駛好心載我一程。我的衣著和去處明白顯示了我的目的，車裡有個小女孩發現我真的打算要去開飛機時，變得非常興奮。

「可是妳看起來不像女飛行家，因為妳留長頭髮。」

一直到那時，我都偷偷地修剪頭髮，但從來沒有真正剪短髮，以免別人認為我標新立異。在一九二〇年，女人開飛機還是一件很奇怪的事，我必須盡可能在外表上保持正常，以免招致批評。

我的飛行學習過程拖得很長，主要是因為沒學費，就不能飛，而沒工作，就沒學費。然而，當單飛的時刻終於來臨時，那段訓練過程似乎可以讓我忘掉所有緊張。我飛上五千呎高空，繞了一下，然後回到地面。

「覺得如何？」地面上的觀眾問：「怕不怕？」

「我還大聲唱歌呢！」站在我附近的一位飛行員說。

我覺得很蠢，因為我什麼也沒做。我的第一次單人飛行沒什麼好紀念的，除了特別差勁的降落。

「妳的降落糟透了，難道妳不知道應該等油箱快見底時再降落嗎？」另一位飛行員說。

當我真正開始單飛時，母親很慷慨地幫我買了一架二手飛機。因為那架飛機的打造者剛好只有那架飛機，於是我們就研究出一套共用飛機的計畫。因為我們都很喜歡這架小飛機，而且也都很窮，所以這項安排很和諧。我在這架飛機上度過很多時光，但偶有機會也會駕駛別的飛機。

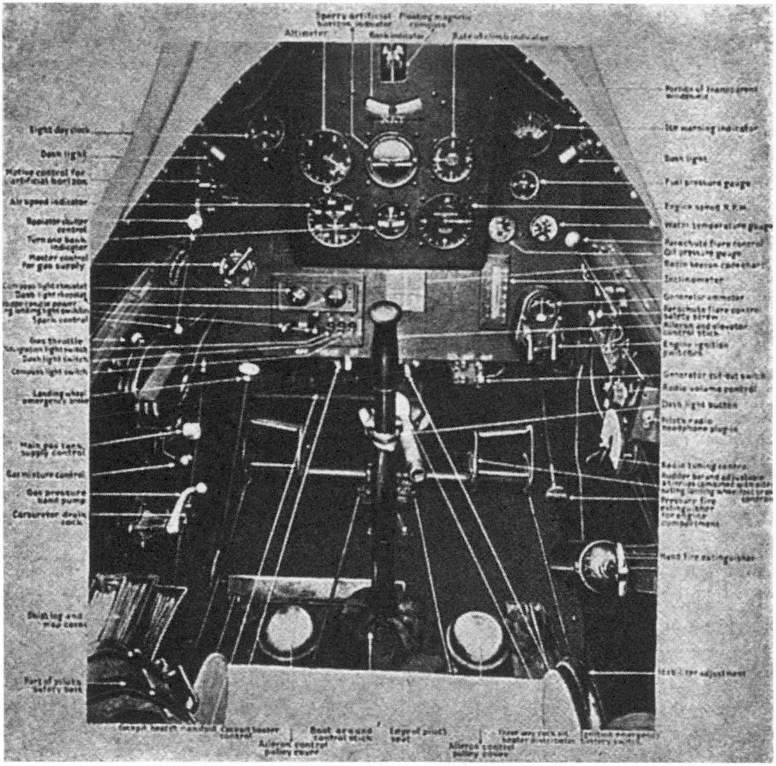

裝備齊全的郵政飛機中的駕駛艙和儀表板

聯合航空運輸公司（United Air Transport）提供

如果母親那時候曾有過擔心，那麼她並沒有表現得很明顯。或許，除了在金錢上資助我，她什麼忙也幫不上。我當時並不明白這一點，但家人和親密朋友的陪伴，對於初出茅廬的飛行員是最重要的心理安定因素。

一年後，我取得當時唯一核發的執照，「聯邦國際飛行技術」（Federation Aeronautique Internationale）。那時，母親才開始變得很感興趣，我相信那時她應該會答應坐上我的飛機，而我直到很久以後才開始教她飛行。

有件事我該順帶一提，那個年代駕駛飛機其實並不需要取得執照，不像現在有這些規定。人們只要有時間和辦法找到能離開地面的飛機，就可以飛。從我學習飛行的那段黑暗時期到現在，飛行訓練的方法已經改善很多。當時根本沒有現在所謂的飛行學校，也沒有符合標準的裝備。當然，飛行原則基本上和以前還是差不多，新手飛行員的狀況也是。

開始描述飛行訓練的方法之前，也許先說說當初我開始學飛的情況，再比較一下現在對飛行執照的要求。我提過，我在加州進行飛行訓練。那時用的「寇氏加奴克型機」（Curtiss JN-4CAN "Canuck"），非常像著名的戰時「詹尼機」（Jenny），這兩款飛機和引擎現在都已經被改良的機種替代。

一九二〇年，第一次世界大戰結束後兩年，飛機的性能並不是那麼好，就像現在的汽車有偶爾熄火的壞習慣。因為引擎會熄火，飛行員有時候當然得迫降。今天的動力飛機就不可同日而語了，如果妥善維護，幾乎很少會「故障」，穩定性增加了許多。自然，現代飛行員的態度也和戰後的大不相同。

飛行的發展過程和十年前的汽車工業類似。如果你不記得，你的父母那輩應該還記得從前的星期天車隊。馬路永遠排滿了有問題的汽車，有些車子爆胎了，有時則是看到戴著護目鏡、一臉困惑的車主，焦急地把頭探入掀起的車蓋下，盯著根本不懂的引擎猛瞧。更麻煩的是，當時沒什麼汽車修理站，路況好的馬路更少之又少。

現在或許你的車也在前往足球賽的兩萬輛汽車之列，而且沒有一輛會在路上故障。

第三章　當你學會飛

美國目前有四種滑翔機飛行員的飛行執照。[1]第一種是需要有十小時單獨飛行時數的私人執照——也就是必須獨自一人駕駛飛機。第二種是企業用執照，第三種是小型商用執照（Limited Commercial, L. C.），兩者都需要累積五十小時的單獨飛行時數。第四種是運輸執照，這種最高級，需要二百小時飛行時數，是唯一允許飛行員可以載運乘客或指導飛行訓練的執照。

取得飛行執照的花費不等，從最少約三百美元，到為了取得運輸執照而高達可能讓你破產的四千美元。所有飛行學校能教你的，就是訓練和監督你單獨飛行。然後考照者必須接受商務部（Department of Commerce）監察員的檢驗，包括筆試和實際飛行。筆試的題目包括飛機本身、引擎、導航、氣象、空航規則及商務部的規定；實際飛行則包括降落和起飛，以及可以輕易顯示出飛行員技術的空中操控。

從某方面來說，為一張飛行執照所投注的時間和金錢，其實和其他職業的職前訓練準備差不多。一位法律系或醫學系學生在學校唸了許多年，然後才拿到一張文憑。這張文憑只不過是讓他獲得經驗的一張許可證，因為這位年輕的律師或醫生在完全掌握執業技術之前，必須經過一段很長時間的磨練。

我開始上飛行課程時，才剛到了能投票的年紀，第一堂課的內容幾乎都是在地面上的講解。我學到飛機有兩個駕駛艙，教練坐在後面那個，學生坐前面。我看到了方向舵和方向桿，教練說在指導飛行時，這些控制桿都是相連的，所以講師做的每個動作，學生的駕駛艙內也都會重複，反之亦然。顯然，如此一來，老經驗的飛行員可以隨時掌握狀況，也可以矯正學生的任何錯誤，或者實際示範如何操作。這種運作方式和擁有兩個方向盤、煞車和油門的駕訓車，道理其實差不多。

但開飛機和開車不同之處是增加了兩側的操控。汽車可以上坡和下坡，左轉和右轉。飛機也可以爬升和下降，或者轉彎，再加上從一邊到另一邊傾斜。開車

---

1 另外還有直升機飛行員執照，以及飛行經驗豐富的民航機飛行員執照，但這兩種都比較少見。

時我們不必擔心左邊的兩個輪子是否在路面上；但是飛行員通常必須保持機翼的平穩。當然，這種動作就像直線開車一樣是自然反應，但是也必須具備警覺的敏感度。

學開飛機第一件會學到的，就是如果要轉彎，必須把方向舵推往想去的方向。如果飛行員想轉彎，他必須同時讓機翼傾斜。為什麼？因為如果不這麼做，飛機打轉得太快時，就會像汽車一樣向外打滑。

也許你已經注意到賽車跑道就像一個大碗公，兩邊越往頂端就越陡。賽車的速度越快，在外緣就爬得越高，一輛慢車根本不可能開上陡斜的外緣側邊。車子的速度越快，車身就會越傾斜，轉彎也就更急。

飛行員則必須自己創造出他的「碗」，並學習如何讓飛機傾斜到正確的角度，以配合轉彎的角度和速度。飛機外滑就表示控制不佳，不論在地面上或在空中都應該避免。順道一提，不論開車或開飛機，矯正外滑的原理都一樣，就是朝著外滑的方向轉彎。

駕駛桿就像它的名字所暗示的，是從駕駛艙的地板延伸上來。飛行員用它來控制機首的上揚或下降，它也可以讓機翼傾斜，把它往左推，左機翼就會下壓，反之亦然。

方向桿位於飛行員腳下踩的地方，只是用來控制機首的左右轉動，這種動作必須和駕駛桿的操控一起配合。今天的飛機，特別是大型飛機，則改用類似汽車方向盤的操縱桿代替簡單的方向桿。

除了駕駛桿和方向桿，新手也必須熟悉眼前的某些儀器，就像汽車駕駛必須熟悉裝設在汽車儀表板上的里程表、油表等。這些儀器包括羅盤儀，以及其他用來顯示速度、距地面高度、引擎每分鐘轉速、油壓和溫度等的儀器。在全天候飛行的飛機上，還有更多其他必備的儀器。

回頭說說我自己的飛行課。在地面上學得差不多後，教練就帶我上天空。感覺上好像經歷很久的過程，其實只有二十分鐘，我看著後方駕駛艙內的飛行教練示範如何操控飛機，在機場上方兜圈子。最後我們終於降落，然後她再告訴我更多該學的事，我的課程多半是這位女性教的。

到了下次我又升空時，教練允許我可以試試看保持飛機水平飛行，這真的非常、非常困難。我做了和汽車新手駕駛一樣常做的事：方向盤轉得太過，然後在路上打轉，即使努力想保持直線前進也枉然。除了外滑，飛機也會像汽車上坡時一樣熄火停止。嘎─嘎─嘎──嘎。引擎可以撐到上坡嗎？──嘎。它嘆了最後一口氣，然後「死了」。車子開始往下滑，但只要用力踩住煞車，重新啟動引擎，車子很容易就可以起死回生。

如果飛機熄火了，引擎並不會停，飛機也不會往後滑。相反地，機首會先往下降，飛行員必須等到足夠的速度讓方向舵和副機翼生效。當然，低速時，飛行員幾乎沒辦法駕駛飛機，就像汽艇不動時的情形。

在幾千呎高空出現飛機熄火的情況，應該沒什麼危險。然而，如果它發生時太靠近地面，就沒有時間恢復駕駛，因此就可能出現危險的迫降行為。

但是就像開車一樣，很多空中意外事件都是因為人為失誤。謹慎的駕駛不論在地上或空中，其實都很少遇到麻煩。

等到我可以保持飛機平穩飛行，而且可以相當準確地飛到指定地點後，教練就允許我嘗試刺激的轉彎。學會轉彎後，就要學降落，這是最困難的動作，需要最多的練習。總而言之，我和教練一起飛行了十小時，但我在真正單飛之前還學了特技。

也許我該解釋一下什麼是特技。

商務部對「特技」的定義是「任何正常飛行不需要的操作方式」。這個定義很含糊，我確定至少還要一百種解釋才能說清楚。讓我們換另一種方式解釋：飛行學校究竟教導哪些特技？這樣子問或許更有幫助。

學校教導的基本特技有滑行（slips）、失速（stalls）和自旋（spins），就是所謂的3S，另外依課程內容需要，也有翻筋斗（loops）、桶滾（barrel rolls）和各式各樣的變化及組合動作。陸軍、海軍和海軍陸戰隊則實習更複雜專門的技巧，許多技巧是以隊形方式呈現。

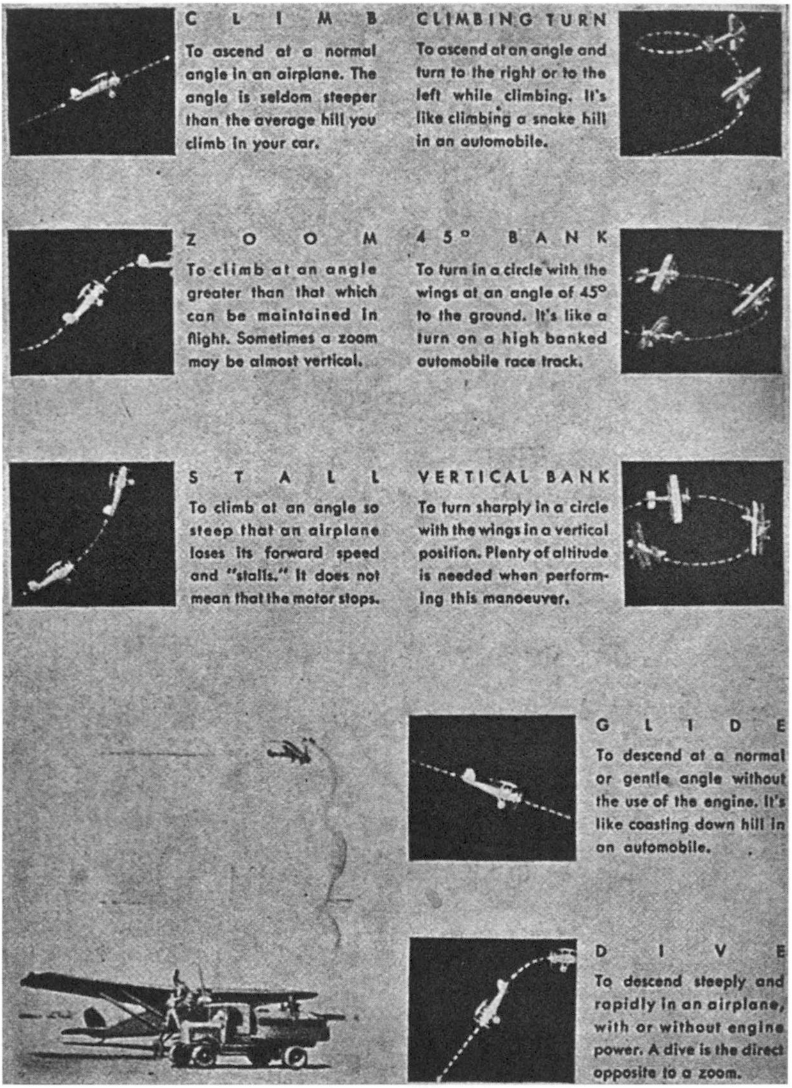

飛行演練

印第安納標準石油公司提供（Standard Oil Company of Indiana）

優秀的飛行員一定少不了具備一些特技知識，除非實際經歷過失速的狀況，或在飛機旋轉後重新拉起回正，否則飛行員不可能知道這些動作伴隨而來的後果。飛行員應該要熟悉飛機的失常狀態，才能在第一時間就將飛機恢復正常。

我一直認為特技某方面很像在塞車時開車，也就是說這是一種經由練習得來的技巧，為了讓駕駛在各種不同的情況下也可以駕控自如。我們可以選擇只在空曠的鄉村開車，也可以選擇在晴空萬里下的正常跑道上起飛，因為在這些情況下，可能都不需要特技或在塞車道路上駕駛的技術。但為了充分掌握駕駛工具的性能，也為未來不可知的狀況做準備，我們都應該學習這兩種課程。

不論是在陸地或藍空，一個人的生命可能取決於短短一秒鐘的時間。因為疏於練習各種可能情況下的駕駛或飛行技巧，很有可能導致屆時反應太慢而造成重大後果。

假設一輛車突然間旁邊的街道衝出來，在主幹道上的駕駛應該踩煞車避免撞擊，還是加油門急駛過去，或是趕快偏移避讓？這個問題光紙上談兵可能很容易回答，但在沒有任何反應時間的情況下，只有經驗最牢靠。飛行員如果從未經歷過飛機失速，不太可能正確判斷恢復飛行速度所需要的空間和時間。

當然，如果有天分的人更進一步練習，特技也可以成為一種藝術。特技飛行在飛機展覽會上非常受歡迎，群眾可以看到飛行員做出神乎奇技的大翻轉，或倒栽蔥飛行。但是這種精準的飛行技巧就像走鋼索一樣，看似容易，卻不簡單。

一般的飛行特技有何用處？例如，在短跑道降落時，側飛滑行就很方便；瞭解到失速和自旋，就可以在正常飛行中避免。垂直傾斜在急轉彎時是不可或缺的技巧，翻筋斗、桶滾之類的動作則多半是為了樂趣。

至少我做這些動作時很快樂。事實上，我甚至還想到運輸公司可以為他們的飛行員打造一種「娛樂用飛機」，因為飛行員在大型運輸機內或工作時沒什麼娛樂機會，如果世上有一艘特技飛機，人們就可以飛上五千呎高空好好玩個徹底，打發長途直線飛行時的無聊時間。

軍事特技飛行和民間飛行的目的很不同。

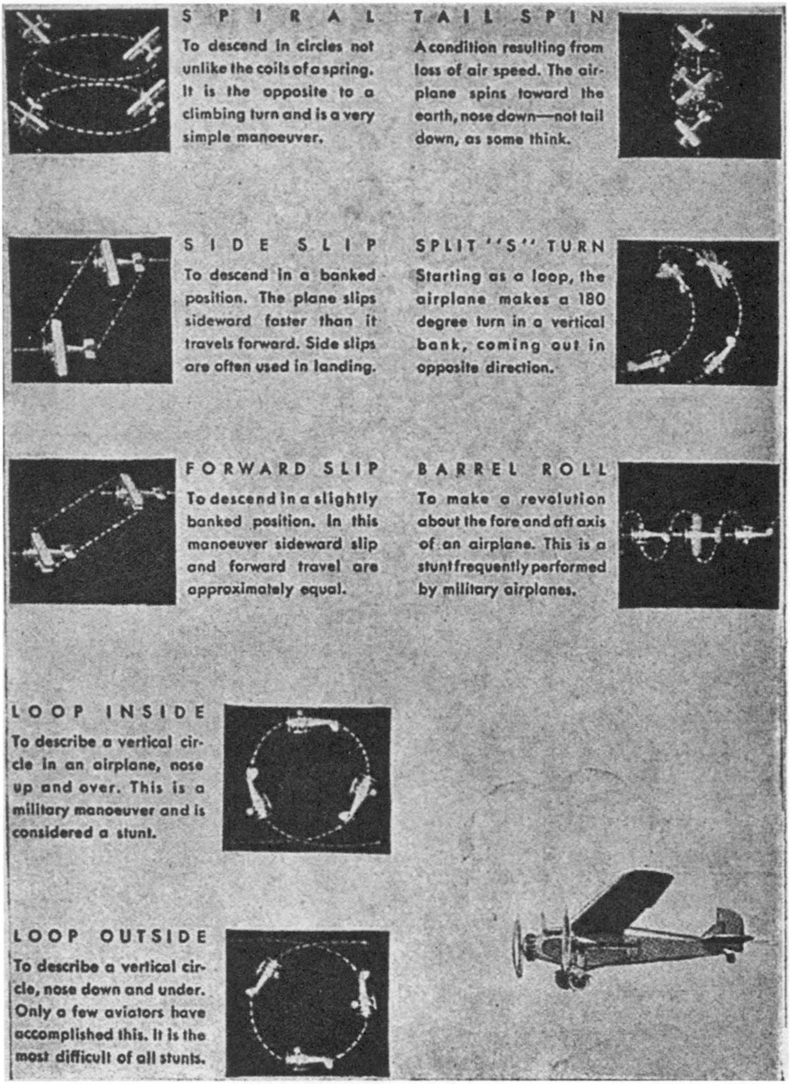
SPIRAL
To descend in circles not unlike the coils of a spring. It is the opposite to a climbing turn and is a very simple manoeuver.
TAIL SPIN
A condition resulting from loss of air speed. The airplane spins toward the earth, nose down—not tail down, as some think.
SIDE SLIP
To descend in a banked position. The plane slips sideward faster than it travels forward. Side slips are often used in landing.
SPLIT "S" TURN
Starting as a loop, the airplane makes a 180 degree turn in a vertical bank, coming out in opposite direction.
FORWARD SLIP
To descend in a slightly banked position. In this manoeuver sideward slip and forward travel are approximately equal.
BARREL ROLL
To make a revolution about the fore and aft axis of an airplane. This is a stunt frequently performed by military airplanes.
LOOP INSIDE
To describe a vertical circle in an airplane, nose up and over. This is a military manoeuver and is considered a stunt.
LOOP OUTSIDE
To describe a vertical circle, nose down and under. Only a few aviators have accomplished this. It is the most difficult of all stunts.

飛行演練

印第安納標準石油公司提供

我學會飛行那時，是不需要體能測驗的。但今天在商業局的監督下，所有人都必須先有健康的身體，才可以學習飛行。

因此準飛行員的第一步，就是要通過體能測驗。在美國各地都有商業局指派的體能測驗醫師，他們會設計一些「簡單」的測驗。我特別強調「簡單」，是因為現在還有人以為體能測驗就是要坐旋轉椅，或接受精密儀器的長時間測驗。

現代的體能測驗主要包括視力和肌力，但一般的身體健康也是必要條件。除了常見的色盲或視力檢查，空間感也是檢測重點之一，這是判斷距離的重要視覺能力。當飛機輪胎在著陸前略過機場表面時，飛行員必須掌握與地面的距離（技術高超的駕駛甚至以吋計）。就像優良的汽車駕駛必須能估量到車與車之間的「洞」，超車時才不會擦撞到其他車。

進行空間感測驗時，受試者坐在一個箱型物前方約六公尺，經由一個小窗看到兩根直立的模型門柱，每根柱子上繫著一條線把它往前或往後拉。施測者把兩根「門柱」分開，然後受試者必須調整它們，讓兩根柱看起來彼此對齊，而且與受試者的距離相等。如果無法把柱子拉到幾公釐的距離內，受試者的飛行生涯還沒開始前就結束。

只希望取得私人執照的申請者其體能測驗可以被通融，但如此一來就無法取得更高階的執照。例如有近視的飛行員就只能取得私人執照，而且近視度數也不可以太高。

一旦取得執照，飛行員就必須定期接受測驗保持資格。這項要求是為了檢查體能狀況，同時也為了記錄飛行時數。如果對汽車駕駛也施行這種方式，交通事故一定會減少。

飛行不需要特殊的體能，只要基本的協調感正常和身體健康就足夠。但如果要在飛行上出類拔萃，就必須有絕佳的體力，就像運動員想在網球、高爾夫球或棒球上表現傑出，反應、心智和體力各方面就必須高人一等。美國的女子網球名將海倫・威絲・穆迪（Helen Wills Moody）、高爾夫球名將鮑比・瓊斯（Bobby Jones）和棒球明星貝比・魯斯（Babe Ruth）都在他們的領域展現出不凡的特質，正如飛行界的法蘭克．霍克斯以及首位飛越大西洋的林白上校（Colonel Lindbergh）一樣。我想說的是，成為超級飛行員所需要的本領，不比在其他領域出類拔萃多。

對正常人來說，只要在正常狀況下，不論對飛行員或乘客來說，飛行都沒有特別的壓力。當然，對不需要負擔責任的乘客而言，飛行可以是最令人愉悅的交通方式。

大多數人對飛行的感覺都有錯誤的想法。一般人想像中的飛行，多半是根據飛機起飛的樣子，或自己在雲霄飛車上所體驗的感覺，有些人甚至以為飛行就像他們從高樓往下看的感覺，但這些都錯了，在飛機內幾乎完全沒有這些感覺。真正的飛行感覺很可能是當飛機起飛時，乘客都還不知道自己已經離開地面了。

我有聽過首次飛行的人下飛機時說：「飛行最特別的就是它一點也不特別。」舉例來說，乘客在上飛機前所害怕的高度，起飛後卻很少會感受到。飛機和地面之前沒有明顯的距離感，不像在高樓上那般明顯。從二十層樓的高度往下看，會給人想往下跳的衝動。但在空中，乘客沒有絕對的高度感，他可以很鎮定地俯瞰地面。有一個說法是，人在高樓上身體和地面有實際接觸，造成一種高度感。但飛機的乘客與地面沒有垂直的實體連結，飛機底部和地面之間的空氣不會造成這種效果。

許多人似乎認為飛行會對心臟有不良影響，某位我認識的女士堅決認為自己要是坐上飛機升空，就會死於心臟病。這說法一點也不合邏輯，因為她平日的懶散作息讓她體重增加了九十公斤，這絕對足以對心臟造成更大的壓力。

當然，會受高度影響的慢性心臟病者，就不應該自找麻煩坐飛機。但如果一個人在海平面上能活得好好的，他就能飛越洛機山脈分水嶺，就像開車或坐火車一樣沒問題。

飛行時，竟然不會感受到航速。在汽車上時速五十公里，或火車上時速八十公里的速度感，都比在大型飛機上時速一百六十公里來得大。在高速公路上，駕駛穿越的每顆小石子都像是眼睛的速度計，而坐火車時看到呼嘯而過的枕木，也可以用來判定火車的前進速度。

在空中，沒有石頭、沒有樹木或電線桿，人的眼睛就沒有指標可以當做速度計。只有一片平坦的鄉間，平靜地慢慢往後或向前展開。即使飛機的速度出現很大的變化，也不會出現明顯的改變，在數千呎的高空上，時速一百三十公里和二百三十公里的視覺感和速度感幾乎一樣。

「如果我們能保持與地面近距離飛行，我就會很喜歡搭飛機。」這是我經常聽到的說法。事實上，如果所有狀況都相同，飛機距離地面三十公尺，比在半空中一千多公尺還危險得多。

有位女士跟我說，每次飛機降落時她都閉上眼睛，因為怕張開眼睛會頭暈。我認為飛機一般降落時，要比電梯下降更不容易被注意到，飛機緩降時的角度通常比鄉間山坡的斜度還小。因此，除非乘客真的很留意飛機降落，否則只有在引擎空轉時，他才會感覺到正在接近地面。

飛機飛行中很少發生狀況，降落時才容易發生。在出問題時，顯然飛得越高，就有更多時間選擇安全的降落地點。因為即使引擎熄火，飛機也不會像鉛錘一樣直直墜落，而是會取一個自然的滑行降落角度，有時候高達八比一。這意思是說，一架飛行在空中五千呎（約一千五百公尺）的飛機引擎熄火後，可以朝任何方向再飛行八倍的距離，也就是四萬呎（約一萬二千二百公尺），或將近八哩（約十二．八公里）。因此，在無風狀態下，半徑十六哩（約二十五公里）內的地區都可能是它的降落地點。

有時候，謹慎的飛行員會選擇立刻降落來微調引擎。有東西出了問題，就算他能繼續飛行，他也完全不想冒險。正因為這樣，如果汽車駕駛人認為剎車有問題，與其繼續往前開，不如立刻停到車庫檢修。

這顯然表明在所有航線上，都必須有密集的降落點。我認為，有些事多做或多完善一點可以根絕空中事故。有了完美的引擎，就會忘記對迫降的恐懼，而有了更多田地，至少對為了「修理」而降落在人口稠密區域多增添一道保障。

消除許多本來以為搭飛行會有的感覺，並不表示飛行沒什麼好期待，或是只會剩下舒服的感受。飛行過程有好有壞。就像搭乘遊艇一樣，天氣扮演重要角色，有時候甚至讓整個旅程受阻。就算是遠洋客輪，也會滯留港口以躲避暴風雨，或因為某些不好的情況而無法如期靠岸。儘管鐵路交通已經行之百年，但也會因為土壤被沖蝕和積雪而無法通行。未來的某一天，飛機絕對會變得跟這些舊的交通工具一樣可靠，並且也學會克服它們特別會遇到的天氣災害。

海上的波濤洶湧，在空中就等同於飛行員所謂的「顛簸」空氣。空氣是流體，出現障礙的地方就會產生渦流，例如，風直接吹向樹叢或突然觸及峭壁峻嶺時。水撞上石頭時，會被拋濺而出，氣流也會因為碰到物體轉而上升。遇到這種狀況時，飛機會受到「衝擊」，就像被海浪拋起並受到撞擊。

除了這些潛在的，還有出自他處的顛簸。冷空氣和暖空氣區域擾動了氣流飛機通過之處的氣流。氣象學家熟悉的「高氣壓區」和「低氣壓區」永遠被相對標記著，如同水的流向是朝水平面而去，空氣會從某一區流到另一區，繼而創造出好天氣和壞天氣，並為學習飛行者提供有趣的問題，以及各種飛行體驗。

船員要比飛行員更具有優勢，像墨西哥灣流這種固定的洋流是可以被標記在航海圖上，並且標示出危險之處，但我們無法在大氣中做任何記號，飛行員只能繪製地形圖。空氣就像水一樣，在不同的情況下，會產生不同的影響。飛行員必須知道，風從某個方向吹過山丘和從另一個方向吹過山丘會產生不同結果，水也差不多這樣。而淺薄的氣層似乎更難捉摸，因為看不見它們的渦流，如果飛行時能看到一股向下或一小片氣流，有時候可能會覺得比較舒服。

「顛簸」是指讓人在空中會感到不舒服或想吐的狀況，就像在波濤洶湧的海上航行一樣。不過，沒有理由假設不容易暈車或暈船的人搭飛機就不會暈機。

有時候暈機是因為有座艙罩的飛機內通風不良。許多人打開窗戶窗戶時，通風效果不佳，熱氣和有時候來自引擎的煙霧會被吹進機艙裡。良好的通風設備是未來飛機的必備要件之一。

第一次飛行時感到緊張可能也是導致暈機的最大原因。在首次飛行後，很多人就再也沒有出現暈機的現象。當然，有些人似乎不管怎樣都覺得自己就是會暈機。我聽到他們在登機前對空服員說：

「我今天會是個很糟糕的乘客。」

「你怎麼會這麼想？」空服員問道。

「我知道我會暈機。」有些人因為專注於這個想法，反而控制得很好。

然而，儘管有些乘客會抱持著會暈機的想法，但在航空公司定期航班的乘客中，只有不到百分之五的乘客會出現暈機狀況。正常情況下，遠洋客輪乘客出現暈船的比例一定高出數倍，如果風浪很大，則會高出非常多倍。

隨著商用客機速度的加快，我們注意到一個有趣的結果：在快速飛行的飛機上，幾乎沒有乘客暈機。「顛簸」的感覺是劇烈震動一下，而非緩慢的搖擺運動。這種感覺上的差異，就像是搭乘速度非常快的快艇，與坐在一艘隨波慵懶蕩漾的獨木舟上。在快艇上，海浪感覺就是底下的小磚塊，快艇駛過之前，海浪沒時間對其造成太大影響。

或許飛行最大的樂趣是觀賞壯麗的景色。如果能見度好，乘客似乎可以看到整個世界。色彩鮮明，而且從地面無法看見的大地陰影形成了一望無際的魔毯。如果有人真的想看到四季變換，他應該要飛上天際。秋天讓最火紅的葉子現身，首先注意到春天到來的是鳥兒和飛行員。

我已經提到高度對風景的影響，新手飛行員的眼中總會有一種現象。實際上是崎嶇的地形，看起來會比較平坦，甚至連山都會變得不起眼，樹看起來像矮灌木，汽車看起來像扁平的蟲子。第二架飛機的飛行高度可能有幾百呎，但是如果從更高的地方來看它，就好像已經快貼在地面上了。垂直測量時，所有距離都被縮短了。

從空中看到的世界是正方形。特別引人注目的是「棋盤效應」，尤其是俯視某些地方時，對比更明顯。不管鄉下或都市鄉村都一樣，差異只在方格大小。比起鄉下人，都市人活動的方格比較小，而且劃分的更精細。

我常被問空中的氣溫如何？「那裡很冷嗎？」

我的答案是，可能比地面涼一點，但溫度是相對比較而來的。

從約九千一百公尺高空看到的方格狀鄉村

通常每上升一百公尺，氣溫會下降攝氏〇・六度。所以在炎熱的夏天，大約六百公尺高的空中會比地面溫度略低，但通常要再更高才會覺得舒適。大家都知道，除非有微風，否則一千五百公尺高山上的溫度似乎會比山腳下的溫度舒服一點。夏天時，坐在小型開放式駕駛艙飛機上的人，會比待在船艙中的人舒服；反之，在天氣寒冷時，前者會比較不舒服，就像坐在敞篷車裡一樣。當然，不論是哪個季節，真正的高海拔地區都會降到冰點以下。

世界飛行高度紀錄保持人美國海軍上尉阿波羅・索切克（Apollo Soucek）所遇到的高度是攝氏零下六十七度。

第四章　歡喜起飛和生活之一二事

一九二二年時，除了好玩，我根本沒想到可以把飛行當成謀生工具。

我尋求其他方式維持生計。父親的健康開始惡化，於是我在南加大修習一堂攝影課後，開始嘗試商業攝影。

我嘗試把尋常景象拍攝出不尋常的效果，而且花了一番工夫研究一些不起眼的事物。舉例來說，一個安坐在地下室階梯上心滿意足的垃圾桶，或人行道旁被無情拾荒者踢打蹂躪的孤獨垃圾桶，或……嗯，我沒辦法把各種垃圾桶的心情一一告訴你。

我隨時隨地帶著一台小攝影機。有一次我剛好開車經過一口新的油井，用一台小型慢速攝影機捕捉到它第一次原油噴發以及隨即而來的湧出。

旁邊有輛汽車跳出一位男士，他對我說：「小姐，不好意思，妳剛才是不是在拍攝那口油井？」

「是啊！」我回答。

「我是房地產經紀人，如果妳願意，我想買下剛才那段影片。我在那裡有一塊地，想讓客戶看看他們自家後院未來可能的樣子。這真是個好賣點！」他的眼神開始發光。

他後來找我買走了那卷影片，我最後一次聽到關於那卷影片的下落，是它被放映給有興趣的房地產客戶欣賞。

除了攝影，我也從事各種工作，包括一些不太傳統的，例如在內華達採礦，以及在當地開卡車載運建築材料。

做了這些工作一年多後，我決定和母親及姊姊回東部，因為她們不太喜歡西岸。我想直接開飛機到東部，但這念頭對家人來說似乎太可怕，所以我最後同意開車。姊姊坐火車趕赴哈佛大學的夏季班，她打算在哈佛攻讀一個特別的學位，母親和我則開車啟程。

「我們要走哪條路？」有天早上我們離開好萊塢時，她這麼問我。

「妳會嚇一跳，」我沒有往東走，而是直直往北開。

我和母親都沒有去過國家公園，於是我決定來一趟旅行。我們一一去了紅杉公園（Sequoia）、優聖美地（Yosemite）、火山口湖（Crater Lake），好不容易抵達火山口湖時已是六月，但那古老火山錐附近的道路卻仍積滿了雪，於是我再度沿著海岸前進。

「我們不是要到東岸嗎？」母親很好奇地問。

「等我們到了西雅圖再說，」我對國家公園的胃口越來越大。

我們在班芙（Banff）和露意絲湖（Lake Louise）欣賞了加拿大的風景。在橫越卡加利（Calgary）的草原途中，我失去了一件很珍貴的行李。有天傍晚，天色漸暗，我和母親身處在一條沒有指標的荒涼道路上，車子的汽油快要用完了，我們根本不知道怎麼會開到那裡。當我轉了個彎，眼前出現一大片印地安保留區。

「雖然看起來不太可能，但說不定能找到人問問路。」我說。

「我好像看到一個假的印地安人像，又好像是個真人。」母親一直忙著張望。

他是真人。

「請問主幹道在哪？」我開門見山地問。

「呃，帕普斯，」那人包裹著厚厚的毯子，咕噥說著。

我又問了一次。

「帕普斯，」他回答。這次他舉起一隻棕色的手，指向我車子後面一件珍貴的行李，那是一隻絨毛猴子玩具，帕普斯。他想把這隻猴子送給他的印地安孩子。我們的處境似乎已經夠絕望了，值得這樣的犧牲，於是我把那玩具拿給他。

「妳們在八公里前轉錯了彎，往這條路一直開，然後——」他用流利標準的英文把該講的講完了，我覺得應該把我的猴子要回來。

另一座國家公園黃石公園（Yellowstone）吸引我們前往，於是我們折返美國。在這個奇特的地區，不難想像印地安聖靈傳說的起源。看到了隨處可見的巨大間歇噴泉，還有又名「顏料罐」的小型泥漿噴泉二十四小時不停噗通地冒泡，任何不懂科學的人一定很容易就把這種現象歸因於奇特的神明。母親說如果沒人陪她一起睡，她都要不敢上床睡覺了。

與國家公園一樣吸引我的，是散布著空郵信號燈的大片寬廣田野。我在夏安（Cheyenne）第一次看到這種設施，空郵路線多半循著林肯高速公路行進。歐馬哈（Omaha）是郵政發展過程中最古老的一站，每次我經過那條路線都會想起第一次旅行。這就是飛行真正吸引人的地方。我從不曾在地面上欣賞過這個路段，除了從機場開車到這裡，但我卻在這條飛行路線飛行過很多次。

等我終於抵達波士頓，擋風玻璃上已經貼滿了觀光客貼紙，幾乎沒剩什麼空隙可以望出去。我一停好車就有許多人跑來問路況如何，我怎麼來的，為什麼來，還有許多形形色色的問題。我的敞篷車是鮮黃色，這也可能是引起不少好奇的原因。雖然它在加州看起來很樸素，但我發現它對波士頓來說卻有點顯眼。

我在短短一星期內，為了減輕大戰期間得到的毛病，動了最後一次麻煩的鼻子手術。復原後，我就回到紐約和哥倫比亞大學。就像許多這個年齡的女孩，我其實對自己沒什麼特別的生涯規畫。雖然我決定不繼續從醫，但仍然對科學很感興趣。

這次我也念物理學和其他有趣的科目。物理學每星期都有小考，每當遇到不會回答問題時，我就插入一點法文詩。在「友誼號」飛越大西洋後，我收到那位物理學講師的字條，問我在這次飛行中有沒有遇到很困難的處境，可以硬寫成法文詩。

Mon âme est une infante en robe de parade,
我的靈魂是個穿著遊行服裝的嬰兒，
Don't l'exil se reflète, éternel et royal,
反映了誰的流放，永恆而高貴，
Aux grands miroirs déserts d'un vieil Escurial,
對著一個古老、被廢棄的埃斯科里亞爾大鏡子，
Ainsi qu'une galère oubliée en la rade.
以及被遺忘在港口的大帆船。

這種高尚的詩句可以很完美地填補試卷的空格，可惜卻無法當成題目的正確答案。

在大學生活中，我從未想到要追求學位，覺得自己選擇的科目跟別人的一樣好。說不定等我到了八十歲，就知道這樣想是對的，或只是自以為是！不論如何，我已經知道任何修讀的、有興趣的科目都讓我學到了東西。

第二年夏天，我回到波士頓和哈佛。姊姊在那裡教書，我也想試試看。但就像在西岸，我又做了各種工作，最後到一所中途之家擔任見習社工。

我找到的是波士頓第二古老的社服中心「丹尼森之家」（Denison House），座落在一處小型住宅區，四周都是倉庫和破落建築。這地區曾經是相當「高級」的社區，許多分租房屋曾住著有錢人，房屋的石牆正門、挑高的天花板、屋內的雕花欄杆都顯示了輝煌的過去。

我在「丹尼森之家」認識的人是我見過最有趣的一群人，那裡的居民多半是敘利亞人和中國人，還有少數義大利人和愛爾蘭人。我從沒有機會認識美國人以外的生活是什麼樣子，但現在我發現了另一種生活習俗和模式，而且和我所熟悉的大異其趣。我每天看到東方觀念和家庭差異在努力融合相處；當我第一次看到敘利亞人數百年來使用的陶盤放在現代瓦斯爐上時，好像看到了這種文化融合過程的具體證據。

在這個社區，英文在文意和發音上的改變，也讓我覺得饒富趣味。人們通常把寄宿之家最有名的水果「prunes」（梅子）唸成「pru-ins」。至於「fresh」（嫩）這個字眼涵蓋了各種程度的不端行為，可能也代表了一點責備或侮辱，用「fresh baby」（嫩孩子）來指頑皮的孩子聽起來挺好笑的。中國人把「fresh」唸成「flesh」（肉），但不影響他們的用意。我真好奇美國人會把外國字變成什麼樣子。

我很喜歡挨家挨戶拜訪社區居民，有時候會留下來吃飯。有些我很久以前嘗試做過、卻難以下嚥的食譜，現在卻以美味的姿態出現在餐桌上嘲笑我，例如，中國人煮豆子習慣連豆莢一起煮。經過幾次嘗試不同食物的經驗後，我得到的結論是人可以學習吃任何東西。名探險家斯德凡森（Vilhjalmur Stefansson）最近告訴我，他已經證明如果遵循著一種方法，這個目標是可以達成的。

他說：「在北極探險旅途上，我們的配糧必須包括鯨魚肉，因為那是唯一能找到的新鮮食物。剛開始通常不太可口，我請一些人做個實驗，請他們只吃鯨魚肉為生，看是否能慢慢喜歡它的味道。每次這種實驗都只有相同的結果。剛開始幾天，他們可以不費吹灰之力一天吃三次鯨魚肉，然後他們開始覺得膩了，吃得越來越少，後來有一段時期，甚至連看到鯨魚肉都覺得噁心。但很快就因為太餓，所以不得不嚐幾口，過了這個階段後，食慾就會越來越好。三十天後，他們不但喜歡吃鯨魚肉，而且已經習慣它的味道。」

我想我什麼都可以吃，除了燕麥粥。有一天我應該會嘗試斯德凡森的方法學習去喜歡它！

在「丹尼森之家」總有很多工作要做，因為我們為孩童提供各種課程和遊戲。除此之外，我們也為有上進心的父母提供英文寫作和閱讀課程，因為他們只會說自己的母語，所以想來這裡學習新的語言。

這種課程和一般學習語言的小學生所上的課程大不相同。你是否想過，如果不懂老師說的任何話，該怎麼解釋一件事？老師說話時當然必須學習唱作俱佳。剛開始，教這種課程就是在做這類事。舉例來說，如果要教「門」這個字，老師必須走到門邊把它指出來。為了解釋「我打開門」這句話，老師必須讓全班重複唸這幾個字，同時完成整個打開門的動作。藉由不斷重複這些肢體動作，學生才能開始學會文句中的字義。

我後來對這種教學方式非常感興趣，甚至打算和別人合寫一本專門書籍，後來飛越大西洋的任務成行，使我們無法完成這本書。從那時起，這種課程在住宅區和公立學校已經減少了，一部分原因是移民法的影響。

如果「丹尼森之家」有足夠經費，很多事情辦起來就會容易許多。瞭解真正需求的人太少了，所以錢也很少。如果沒有波士頓附近學校的年輕男女擔任志工，幾乎許多工作都窒礙難行。他們有些人在童子軍團和女童軍團擔任領隊；有些人導戲；也些人教導縫紉、編籃子和烹飪，晚上說故事給小孩子聽。我常常想，但願父親也可以參加這些團體，因為我知道他的冒險故事一定會很受歡迎。

有些病童的病況必須送醫院，但我們得向那些可憐的母親解釋醫院並不那麼可怕，孩子不會被關起來，也不會被殘忍的醫生折磨。但要一個人生地不熟的人瞭解一個新國家的法律或習俗並不容易。這些所謂的「外國佬」所引起的大半麻煩，只是因為沒人願意花功夫向他們解釋這些美國最好的優點。當然，所有的解釋也都不應該只有一面倒的看法。

在「丹尼森之家」這些工作忙完後，我也沒剩多少時間可以飛行了。但我還是加入了「國家航空協會」（National Aeronautic Association）的波士頓分會，後來還擔任副主席。我想辦法在「丹尼森之家」繁忙的工作之餘，盡可能塞入喜歡的活動。

我認識了當地的一些飛行員，只有要機會就飛；我也忙著和熱心公益的女性飛行員先驅羅絲．尼可斯小姐（Ruth Nichols）想辦法集結教會裡的女士們。「國家遊樂場協會」（National Playground Associaiton）也邀請我加入「波士頓委員會」，擔任他們贊助的一場模型飛機競賽的裁判。因為這個活動以很特別的方式結合了我飛行和社會工作的兩大興趣，我當然欣然同意參加。

這些活動對別人或許稱不上重要，但對我來說是重要的，它們很有趣，而且可以讓我保持飛行。

如果一個人隨著興趣的方向走，他所得到的知識和接觸的人通常也會很有幫助。對於一個很會游泳的人，拯救溺水者的機會就會到他的眼前。如果我沒有成為波士頓飛行團體的一員，「友誼號」就不可能出現在我眼前。

許多報紙堅稱我研究了數個月的計畫，事實上，這整次飛行探險只是純粹的機緣。過程是這樣的：

我是在一通電話中接到飛越大西洋的邀請。

每天下午，「丹尼森之家」都擠入許多放學的孩童，年齡最大是十四歲，幾乎各種體型和國籍都有。我必須監督每個孩童找到正確的教室，確定遊戲領隊和老師也都在崗位上準備工作。每次都會有些小差錯，有時是同事遲到或根本沒辦法來；有時是孩童的精力旺盛，沒辦法安靜下來；還有那些永遠沒辦法決定真正想做什麼的孩子，而且一定得聽他們嘰哩呱啦抱怨。

「艾爾哈特小姐，我已經會背我的台詞了。我今天可不可以玩遊戲，不要排戲了？」

「艾爾哈特小姐，我想要畫畫，不想玩遊戲。我可不可以改上別的課，一次就好？」

在各式各樣的古怪問題都暫時解決以後，還有些人會一直讓我忙來忙去直到晚餐時間。

就是在一九二八年四月一個這樣的下午，我接到那通電話。

「我現在很忙沒辦法接電話，請他留話，我待會兒再回電。」我說。

「但他說很重要，一定要跟妳說，」被差遣來找我的小孩子這麼說。

我不太甘願地跑去接電話，聽到一個很悅耳的男聲說：「喂，妳不認識我，我姓瑞利，我是H．H．瑞利上尉（Captain H. H. Railey）。」

他沒有太多的自我介紹，就直接問我有沒有興趣從事一件可能很危險的飛行活動。我當然問了他是誰、為什麼選上我，以及究竟是什麼樣的危險飛行。但他卻不願意回答最後一個問題。

最後，在他終於說出一些漂亮的背景及打電話來的原因後，我約了當天晚上在他的辦公室見面。好奇心是最大的原因。

當晚和瑞利上尉的會面非常有趣。他就是後來統籌柏德上將（Admiral Richard E. Byrd）南極探險事務的瑞利上尉。他告訴我，有一位女士曾經計畫嘗試飛越大西洋，但因為各種私人原因放棄了單獨飛行的想法。她現在還是希望能有一位美國人成為第一個飛越大西洋的女性。

瑞利上尉最後說：「我乾脆掀底牌好了，妳願不願意飛越大西洋？」

我想了一分鐘說：「願意。但是……」

瑞利上尉告訴我，其實目前還有很多未知數，所以我也不必急著先開始說我的「但是」。他只是受紐約朋友之託幫忙尋找一位合適的女性，擔任這次飛行任務的副手。

我一直沒問清楚這次飛行任務的資格究竟是什麼，但還是以候選人的身分前往紐約。到了那裡，我才知道這次飛行的贊助者是倫敦的斐德烈克・蓋斯特夫人（Mrs. Frederick Guest），她婚前本名是艾咪・菲普斯（Amy Phipps），來自匹茲堡。她悄悄向柏德上將買了一架三引擎福克機（Fokker），並打算命名為「友誼號」，做為她的母國和歸化國（英國）之間的善意象徵。

「我是否願意飛越大西洋？」

「如果發生災難，我是否會把責任歸罪給主事者？」

「我的學歷——如果我有的話？」

「健康程度？」

「意願多強？」

「有哪些飛行經驗？」

「飛行後打算做什麼？」

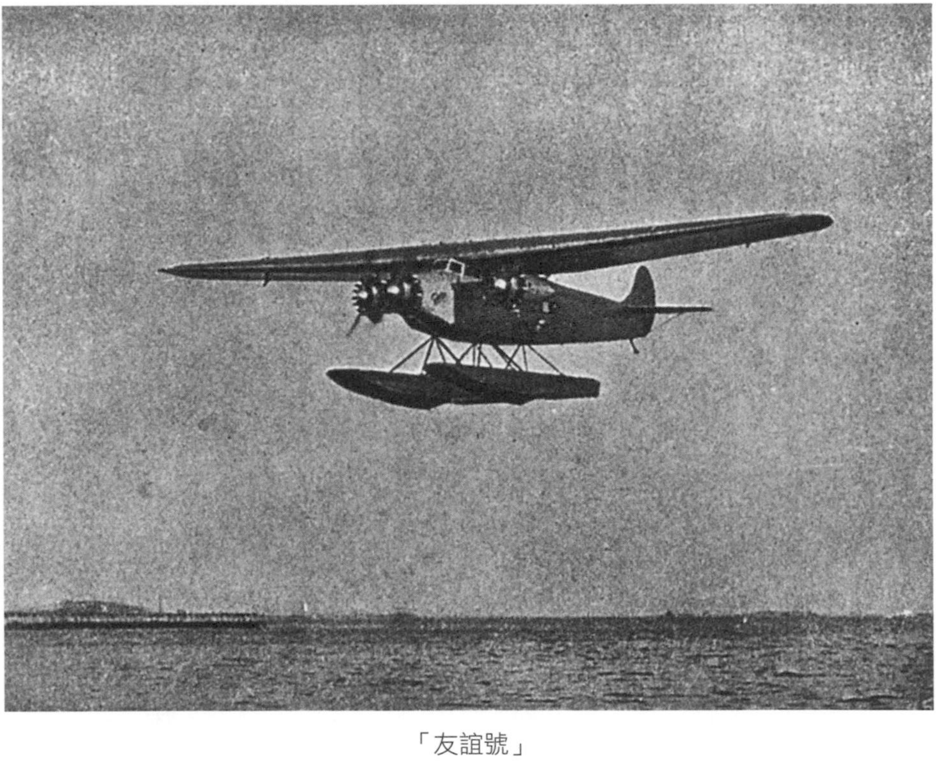

「友誼號」

我被問了一大堆問題。

他們很清楚表明參與飛行的人會得到酬勞。在說明了這一點後，他們問我是否可以接受沒有酬勞的任務。我回答「可以」，因為我覺得能有參與這項任務的機會就已經夠了。

後來，機長威瑪・羅爾・比爾・史都茲（Wilmer Lower "Bill" Stultz）收到了二萬美元，技師路易斯・葛登（Louis Gordon）拿到五千美元。我的報償除了這次飛行任務本身的樂趣，就是從事飛行和寫作，這些都是飛越大西洋為我開啟的機會。我偶爾向報社投稿飛行故事所得的稿費，也都投注回飛機上。

大部分的事情雙方都很滿意，但有些事必須由我決定。我希望能檢查儀器，並且和機長碰面。我一點都不想只被當成飛行的「多餘重量」，儘管我這麼想，但沒想到後來我真的也只能當個多餘的，因為天氣使我們必須依賴儀器導航進行儀器飛行，而這種專業飛行方式是我從未嘗試的。

我們花了二十小時四十分才從加拿大紐芬蘭（Newfoundland）的特瑞帕西灣

（Trepassey Bay）飛到英國威爾斯的柏瑞港（Burry Port）。這段期間，只有兩個多小時可以看到海面。以我們所能看到下方的能見度，其實說不定只飛越了堪薩斯州的玉米田。二十個小時中，有十八個小時都在濃霧中，或在濃霧上方，或在雲層之間。不過，我想故事說得太快了。

大概很少人真正瞭解大型探險背後的過程。不論是騎馬、開車、駕船或開飛機，事前的準備工作都是又長又繁瑣。為了「友誼號」的飛行任務，一切都必須經過測試，從飛機本身的性能、載重能力、速度等標準，到機長所仰賴的儀器準確度，還有特別安裝的無線電收音機，以及三台引擎和所有配件。

在這些準備工作的背後，史都茲已經有數百小時的飛行經驗，還有路．葛登多年的引擎修理經驗。雖然很多人也受雇參與準備工作，但「友誼號」實際上只有三名組員。最初由柏德上將推薦的史都茲，是擁有優異飛行紀錄的飛行員；葛登是史都茲挑選的，因為他是細心的優秀技師。

這項計畫的所有的工作都在祕密進行，這對每個人造成困難。比方說，沒人知道我和「友誼號」有任何關係，就連我的家人都不知道。至於這架飛機本身，除了我們這些人，根本沒人知道它未來的任務。表面上，這架福克機的主人還是柏德上將，目的是南極探險，這個托詞很有效地掩飾了所有外在準備工作。

我那陣子不太敢出現在波士頓機場附近，因為「友誼號」在那裡做維修準備，我從未和他們一起進行飛行測試。事實上，我只在第一次嘗試起飛之前真正看到「友誼號」。因為如果被人拍到照片，可能會使飛行任務事先曝光，而且被一大堆興奮的記者和好奇的人追著跑。

四年前企圖飛越大西洋的舉動與今天相比，可能會被視為更冒險且聳動的新聞。比方說，如果你知道「友誼號」的飛行任務是第八次飛越大西洋，而它所搭載的乘客至今總計達三十位，你會有何感想？這個數字還只包含輕型飛機。自一九二八年六月十七日起，已有三十一人搭乘重型飛機飛越北大西洋，大約有兩倍的人數飛越南大西洋，將近五百人曾乘坐飛船飛越大西洋。

在今天，大西洋飛行當然還是很危險，但它的成功機率已經比幾年前大幅增加。飛機飛得更快，引擎也更穩定，天氣預報的設備也大幅改進。我們現在只要幾小時就可以知道北大西洋上的天氣狀況，而那時我們能獲得的訊息都是自費從船上轉傳過來的，已經延遲了十二到十五個小時。

但我認為我們想保密的原因，主要是迷信吧！除非勢在必行，我們不希望到處宣傳。很幸運的是，一直到「友誼號」從波士頓港往東起飛之前，這次飛行任務都沒有走漏任何消息。

為了我們計畫消耗的三千四百公升汽油，除了機翼下的油桶，我們在駕駛艙內還架設了兩個大型油桶，占據了現代飛機原本的後座空間。所有油桶加滿油重量約二千七百公斤，汽油重量一公升超過七百公克，油桶本身也很重。在我們加滿汽油之後，「友誼號」的總重量超過了五千公斤。

這架福克機最初是有輪子的陸上飛機，但後來架設了浮船，因此它被改造成水上飛機，是第一架三引擎的水上飛機。至少在理論上，它可以在平穩海面上安全降落。順帶一提，浮船與輪子的功能相反，不但在空中會減緩飛行速度，在陸

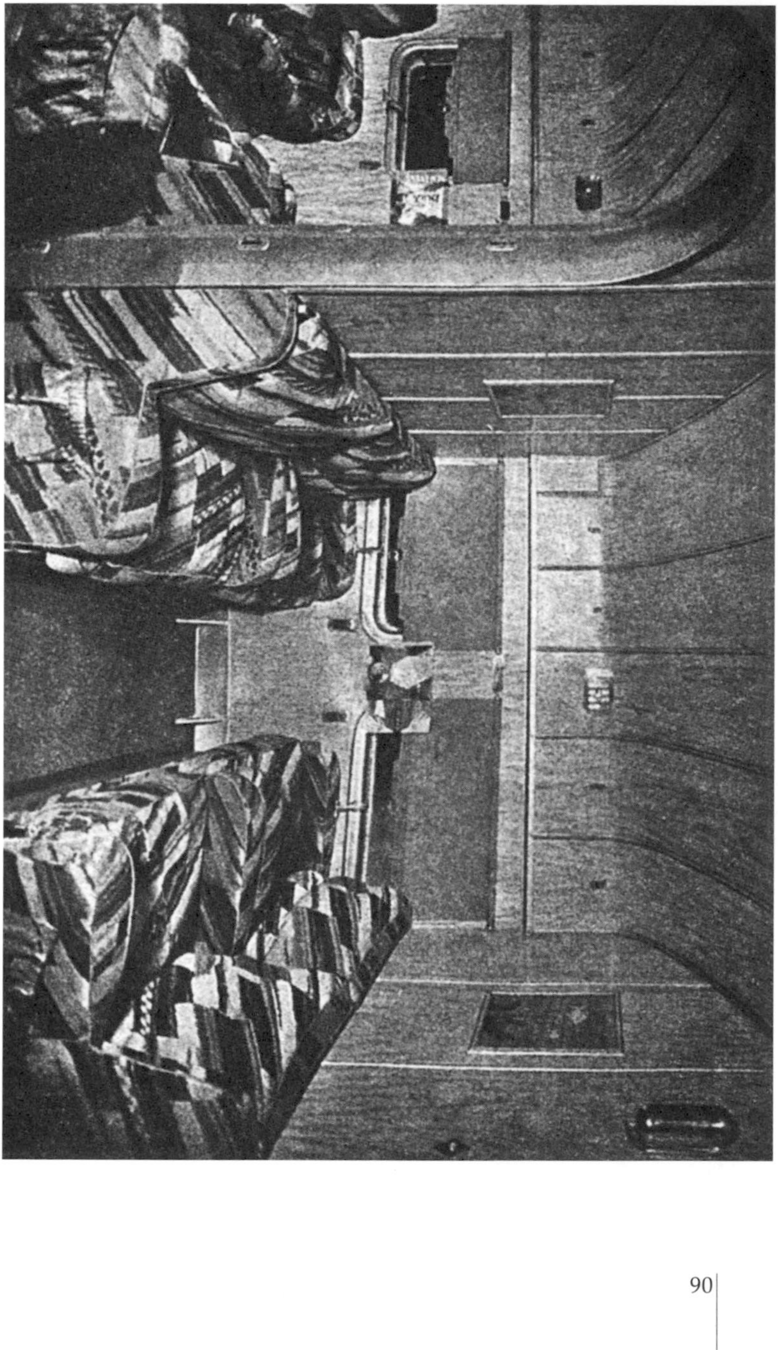

現代運輸機的內部

泛美航空提供（Pan American Airways）

地上也會增加起飛的困難度。

這架福克機所用的引擎是「萊特旋風」（Wright Whirlwind），每部引擎有二百二十五匹馬力。機翼的寬度約二十二公尺，是大多數房舍高度的兩倍。機翼的顏色漆成金黃色，翼端漸漸變窄，型態優雅。機身是橘色，和金黃色非常融合。但選擇這種顏色不是為了藝術效果，而是這種所謂的鉻黃色從遠處看來比任何顏色都顯眼。萬一迫降，在海面上漂浮的鮮黃色小點就有更大機會吸引注意力。

我們在機艙剩下的空間架起一張小桌子放置導航儀器，收捲好的飛行裝和二十公升水桶就當成椅子。機艙地板上有一個艙口，每次測量風速或地面上實際速度時，就必須打開艙口，因為地面上的速度可能和風速不一樣。

每架飛機都有風速顯示器，這樣飛行員可以知道通過機翼的風速有多快。如果沒什麼風，顯示器的讀數可能和地面的風速差不多。不論飛機是順風或逆風飛行，顯示器的讀數都相同。

例如，一架飛機在靜止的空氣中以一百六十公里的時速飛行，如果遇到時速三十二公里的風正面迎擊，它的時速可能只有一百二十八公里。但風速顯示器並不知道這個差異，所以它顯示的時速還是一百六十公里。相反地，如果時速三十二公里的風向和飛機的飛行方向相同，飛機的速度就可能增加到時速一百九十二公里。在有地圖標示的領空上，飛行員可以很容易利用認識的地標計算飛行速度。但如果沒有地標，飛行員就必須使用不同的顯示器計算速度。

飛行任務的準備工作進行時，我仍繼續在「丹尼森之家」工作。那裡沒人知道我準備飛越大西洋，除了主任，因為我仍繼續監督分內的各項工作。

五月底，我們已經準備好出發，至少大半都準備好了。一天清晨，我們用包租船把「友誼號」拖離東波士頓岸外的停泊處。但是第一次的嘗試化成泡影，因為我們並沒有起飛成功。

我們嘗試了兩次。一次是因為風不夠大，「友誼號」無法從水面飛起，另一次則是濃霧太大。

貓樣的霧躡著腳悄悄地來
靜靜地蹲臥
俯瞰著城市和碼頭
再繼續遊晃[1]

當我寫這段經驗時，可以興高采烈地引述桑柏格這首迷人的詩。但我沒辦法說自己欣賞第二次起飛失敗那天的景色，因為他所歌詠的濃霧讓我們的心情大受影響，也使我們必須暫時待在地面。

雖然濃霧感覺起來詩意浪漫，但它的確對飛行造成很大的危險。在空中，因為飛行員沒辦法看到地平線，所以沒有多少依據可以推測自己的位置。不論飛行

1 感謝亨利・霍爾特出版公司（Henry Holt & Company）授權節錄美國詩人桑柏格（Carl Sandburg）《芝加哥詩集》（*Chicago Poems*）中的詩作〈霧〉（Fog）。

員是倒栽蔥或側著飛，都只能信任近幾年來研發的儀器。我們平常依賴的感官，在這樣的情況下，完全無法傳遞正確訊息到大腦。

我曾在一次實驗中清楚體驗到，人的感官在這種情況下會被欺騙到什麼程度。我被矇上雙眼，坐上一張旋轉時會嘎嘎作響的椅子。醫生開始慢慢把椅子往右轉。

「妳現在往哪邊轉？」他問道。

「往右邊，」我很聰明地回答。

「現在呢？」他過了一會兒問。

「左邊，」我立刻回答。

「拿掉眼罩看看。」

我照做了，結果我根本沒有在轉。

「如果妳沒答錯就是不正常，」醫生笑著對我說。

然後，他解釋當他剛開始轉椅子時，我的大腦感應的方向是正確的。如果他改變旋轉速度或停下來，我的大腦就會以為我正在往反方向旋轉；除非我看到認得的物品，才會相信並沒有往反方向旋轉。

你也可以嘗試以下的有趣實驗。

如果想瞭解在無法看到東西的情況下，你的生理反應和能耐，試試看矇著眼睛走一直線。做這個實驗時，最好有很大的空間，而且有個人跟在你後面，以免撞到東西。先挑選幾百公尺外的一個地點，然後看看你最後抵達目標需要多少時間。

在下大雨或大雪時，飛行員的視力就像眼睛矇著一塊黑布，如果沒有準確的儀器告訴他真相，他必然會犯下我在椅子上所犯的相同錯誤。飛機很可能在旋轉陡降，雖然他想矯正，卻可能不知不覺讓飛機繼續旋轉。我這麼說並不是指任何飛入「迷濛」天氣下的飛行員，根據一些儀器就可以飛離危險區，別忘了判讀儀器和反應需要不斷練習和純熟的技巧。

打個比方，這個道理就像音樂。

我們當然可以對任何人說：「這裡有一篇樂譜和一架鋼琴，彈吧！」但是如果對方看不懂樂譜，也沒有練習過彈琴，那麼要期待他能精準無誤彈出優美的樂章可就非常奇怪了。

雪上加霜的是，目前的飛行儀器還不算是很精良，駕駛艙內和地面的設備也同樣不夠完備。

第五章　與「友誼號」飛越大西洋

「友誼號」終於從波士頓起飛，直接沿著海岸往北到紐芬蘭。我們打算在特瑞帕西補充事先已經儲存好的汽油，沒人知道這些汽油是為我們準備的。

礙於當地天氣的緣故，第一天我們最遠只能到達加拿大的哈利法克斯（Halifax），因為又起霧了。我們在濃霧中找了一個洞口穿越下降，然後停泊在碼頭。我們出發不久，這次任務的消息在就在波士頓傳開；當晚，在新斯科細亞省（Nova Scotia）的旅館內，我第一次體會到被「好奇不倦的記者」不斷追問、甚至無法睡覺的感覺。

在哈利法克斯短暫停留期間，我們遭遇了一場假日小災難。那天不只是星期天，我記得還是果園節，也是英國國王誕辰，家家戶戶都出門慶祝，加油變成一件不小的麻煩事。但我們最後還是加到油，而且微風使雲霧漸漸消散，於是我們在九點左右起飛。當時天氣狀況非常理想，如果不是因為必須加油，我們應該可以完全略過紐芬蘭不停，繼續往東的行程。

我們在特瑞帕西遇到了很多困難。天氣和機械問題使我們被困在諾曼沃

（Norman's Woe）海岸的小村莊整整十三天，遠超過原本估計的兩、三天。

我希望有一天能回到特瑞帕西，好好欣賞那裡的捕魚和打獵生活，重新認識當地友善的居民。在那段停留期間，我們的壓力非常大，腦袋裡只能容得下一些重要的事，例如天氣預報、汽油消耗、平底船漏氣、油管之類的事。

我的印象中，特瑞帕西有兩個鮮明的特色，一個是手工鉤織的美麗毛毯，另一個是紐芬蘭的鱒魚溪流。特瑞帕西海岸是沉船的墳場，我聽說紐芬蘭毛毯的原料多半來自這些沉船。在一些漁民家中看到的銀器，也有許多來自沉船，銀器上面還印有沉船的名字。

當然，從沉船漂流到岸上的物品，通常毫無疑問都歸發現者所有。如果不去想有人遺失了東西，我常想像如果發現了潮水帶來岸邊的木箱或木桶，打開它們會何等興奮！就像《愛麗絲夢遊仙境》裡的瓶子和藥盒，上面寫著吸引人的「喝我」和「吃我」，我相信這些漂流海上的意外包裹一定無聲無息地說著：「打開我！打開我！」

紐芬蘭的居民主要來自英國、愛爾蘭和法國。就我瞭解，當初他們應該在每次捕魚季節尾聲回到故鄉。但有些人沒回去待了下來，今日紐芬蘭居民的祖先多半起源於這批先民。

當地居民的好客熱情和海岸的荒涼景色大相逕庭。他們雖然不太富有，卻樂於與從空中而降的陌生人分享。事實上，乘坐飛機來的旅客對他們來說並不算新奇。義大利的環遊世界飛行員，迪．皮尼度（Francesco de Pinedo），於一九二九年曾在這裡停留許多天；一九一九年，美國海軍柯蒂斯系列（NC）飛機的飛行員也曾駕駛這款巨型水上飛機從特瑞帕西起飛。

由於從波士頓寄郵件至此地需要一個星期，而且在「美國」的朋友沒想到我們會在特瑞帕西逗留這麼久，所以我們沒收到任何信，但卻收到許多電報，最後，聖約翰（St. John）的一家報社特派員搭乘從紐芬蘭首府往南每星期兩班次的小火車，來到特瑞帕西與我們會面。

我們被迫在特瑞帕西逗留太久了，當地人甚至開始認為「友誼號」根本不能飛。在我們停留的頭幾天，許多人從鄰村跑來觀看，沒看到我們降落的人都覺得我們是在水面滑行進港，根本沒離開水面。

除非風向開始改變，如此沉重的飛機不可能從狹窄的特瑞帕西碼頭起飛。以當地地形而言，東南風最適合起飛，但這個風向卻會讓雲霧長期滯留在外海，那正是溫暖的墨西哥灣洋流和北方冷流交會的地方。

因此我們必須利用時機，待天候有利時準備起飛，因為這裡的天候瞬息萬變。最後，我們不得不改變搭載三千四百公升汽油的計畫，縮減成二千六百五十公升。燃料的減少也降低了我們的安全容忍範圍，並縮短了航程，最遠只能飛到愛爾蘭，當紐約的代表告訴我們可以在北大西洋的亞速群島（Azores）取得汽油時，我們認真考慮了好幾天是否要飛過去。

人們最常問我的問題之一，就是在飛行時吃什麼。我們帶了在特瑞帕西做的新鮮炒蛋三明治，其他人還帶了咖啡（我只有必要才喝咖啡，原本答應給我的可可壺不知何故沒出現）、幾顆橘子、一瓶麥香牛乳片、一些巧克力和二十公升的水。假使我們迫降受困，還有一份叫做乾肉餅的急難配糧，這是探險家所用的濃縮食品，據說一天一湯匙可以讓人快樂又健康。這種混合食品看起來像上面浮著一層不明黑色塊狀物的冷豬油，嚐過味道後，我真懷疑它能帶來多少快樂，不論它多麼有益健康。

其實飛行期間有太多事要忙、要思考，所以我們三個好像都不會餓。我吃了六片麥香牛乳片和兩顆橘子，其他人吃的分量也差不多，另外再加上一些咖啡。也許是因為太興奮了，沒有人想吃東西。而且，對於體能狀況好的人來說，二十小時不吃不睡並不算太漫長。

六月十七日早上大約十一點鐘，風向開始轉變，紐約傳來的天氣預報並不算太差。於是我們再度滑行到碼頭外，在風吹來前就定位。

海浪拍打著平底船，在舷外引擎上變成碎浪，我們滑行了很長一段距離，因為機身太重沒辦法起飛，於是史都茲掉頭再試一次。

我擠在機艙內，手上拿著一只碼表檢查起飛時間，眼睛盯著讀數慢慢爬升的風速顯示器，如果超過時速八十公里，「友誼號」就可能起飛。如果是五、六十公里，「友誼號」就必須再試一次。我屏息等待了好一會兒，指針轉到八十了。八十、九十、一百。我們終於起飛了，負載沉重的「友誼號」搖搖晃晃地爬升著，兩架砰砰作響的重引擎早已完全被海水浸泡過了。

我們已經有許多次的起飛謊報，所以根本沒人來現場觀看我們真正的起飛。我留下一封短電報，在我們實際飛上空中半小時後發布。這是我最後一封傳到紐約的消息。

我們飛越大西洋的旅程基本上是雲霧之旅。雲團內部是銀色的說法純粹虛構，大多數雲團裡面都不是銀色，而是大家都可以想得到的濕冷灰鬱雲團。但有些飛行員知道雲團上方有一個與眾不同的世界，如果到了厚雲層上方，會發現陽光閃耀在鬆軟的海面上，刺眼的程度比一大片雪地更甚。或太陽西沉時，從鳥瞰的角度觀賞雲朵的光燦顏色，就像我們在地面觀看夕陽雲彩一樣美麗。當然，從數千呎的高度看出去，太陽落下地平線之前的停留時間也更久。而且當夜晚來臨，空中其實比地面上更明亮。

從我「友誼號」飛行日誌的紀錄，我發現自己提到雲團的次數非常多。日誌上寫著：「我相信我們已經脫離濃霧了。眼前出現一些白色的奇特形狀，像是一條拖曳的閃爍面紗。雲團看起來像是遠方的冰山。我們似乎可以永遠在剛才離開的濃霧上方彈跳。霧團的最高峰因為落日染成粉紅色。雲洞看起來又灰又陰暗。」還有：「我們還在雲團之前行進，但它們越來越聚集……前面很灰暗；在後面，我們剛才穿越的大片濕冷雲團，因為破曉而呈現粉紅色，就像史詩《奧德賽》（*Odyssey*）曾描述過的，黎明是『玫瑰色的手指』。」以及：「哇！海洋！我們在三千呎。零碎的雲團。我們在一千呎到五千呎之間來回飛躍，企圖離開雲團。目前可以看到大海和陽光，但雲團永遠都在我們眼前。」

在我們飛行的北緯區，六月末的白日很長。到了晚上十點鐘天空還是亮的，清晨三點時就已破曉。在這段期間，除非被雲霧籠罩，天空很少是完全黑暗的。當太陽西沉到世界另一邊時，我們覺得在左邊的遠方，甚至還可以看到太陽行進路線的淡金色痕跡。

日誌寫著：「五千呎。一座雲山。北極星在我們的翼端。我表上的時間是三點十五分。我可以看到左邊的日出。」

在早晨的陽光下，雲團會像巨龍高聳隆起。為了飛在這一大片積雲之上，「友誼號」最高曾爬到一萬一千呎（約三千三百五十二公尺）。我們最低的飛行高度是沿著威爾斯海岸以幾百呎的高度飛行。大西洋上的一些雲團也飽含雨水，每次飛機穿越這些雲團，引擎就開始咳嗽抱怨。引擎不喜歡濕答答的，因為它們在起飛時泡過海水，乾燥的鹽分會引起點火栓的火星散播出來。

如果「友誼號」降落到海面上，我們就可能會遭遇一場不幸的災難，因為要減輕飛機重量，我們沒帶原先計畫攜帶的救生衣和橡皮艇。現在那艘小艇被我拿來夏天時在瑞伊（Rye）海岸玩水，它可以在幾分鐘內充滿氣，而且不會翻覆，但我一直不確定它可以載多少人。

就像我剛才提到的，太陽睡得很晚，起得很早。早晨來臨時，「友誼號」雖

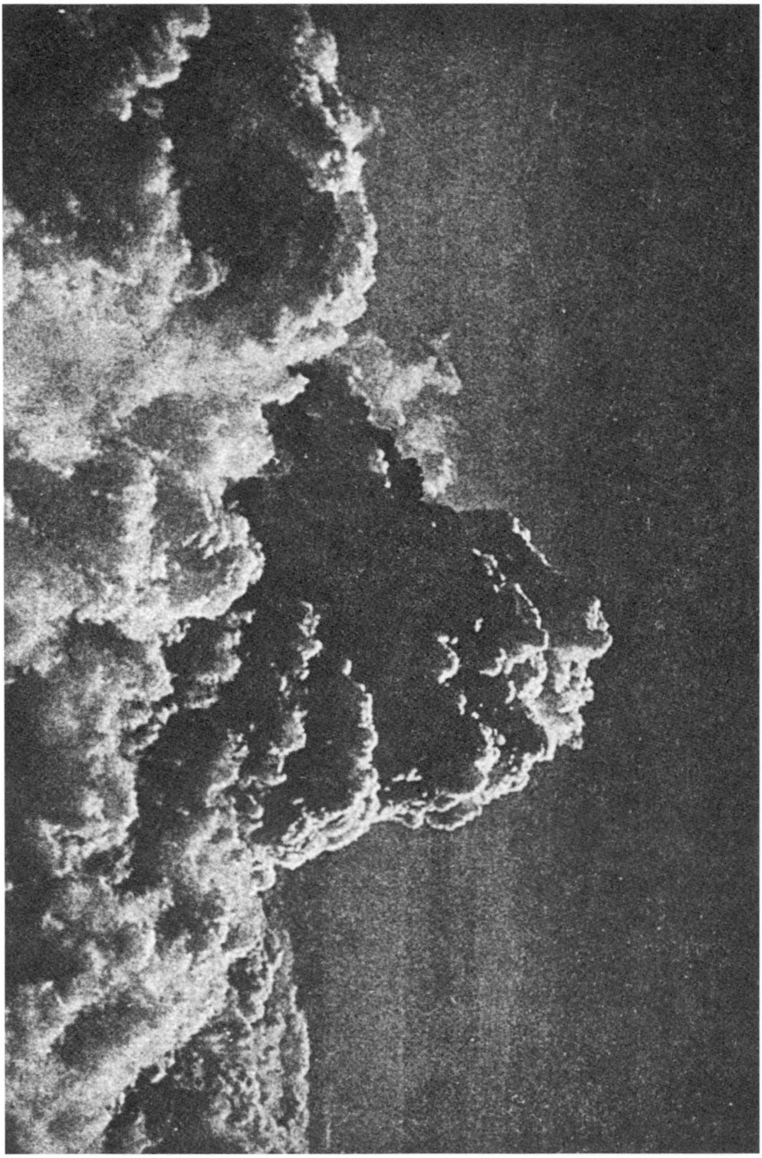

高空看到的山脈

然被迫爬升了一萬一千呎的高度，卻無法飛越堆積在它前方像一大團馬鈴薯泥的雲團。比爾．史都茲檢查了燃料，認為要是再爬升超越雲團的話，就會浪費太多燃料。

那時我們的燃料已經所剩不多。因此「友誼號」開始鑽入白色雲團下，我們很快穿越灰濕的雲團，降到二千五百呎的高度。

日誌寫著：「我們正在下降。說不定比爾已經穿越雲團了。在這裡霧也很低。雖然還沒看到霧，但就我從後窗望出去的情況看來，大概也快看到了……什麼都看不見了。

「儀器飛行。剛開始慢速下降，然後快速下降。我的耳朵很痛。現在已經降到五千呎。非常濕。窗戶上滴著水。」

我寫耳朵很痛這句話，只是為了記錄一段非常快速的陡降。飛機下降時，越靠近地表的空氣密度就越高。身體承受越來越大的壓力，耳膜的反應最明顯，特別是感冒耳道阻塞時。如果從高到低的改變是循序漸進的過程，通常身體不會有什麼感覺。但如果下降速度非常快，而且距離很長，身體的反應就可能很不舒服，甚至很痛苦。穿越數千呎的快速陡降過程中，是有可能造成耳膜破裂的。同樣的情況也發生在潛入水底時。潛水員潛水時必須慢慢適應更大的壓力，才能預防痛苦或永久傷害，他也必須留意不可以太快浮出水面，因為減壓過程中，身體也需要適應。

史都茲並不在意他是否讓我們感受到下降，只是在做他認為該做的，而且一點點不舒服並沒有關係。終於「友誼號」恢復平穩，我們在目前的高度航行，偶爾從下方的洞口看到一點點海面。

雖然我在出版這本書之前已經講過了，但還是應該再重複述說我們最刺激的那段經歷。我們的無線電儀器在第一天晚上八點過後就一直沒聲音，所以我們沒辦法從船隻得到任何有助確認位置的消息，必須仰賴盲目的推算。

根據我們的估算，應該抵達愛爾蘭了。但我們誤判了航道，因而離開路線，再加上燃料快用完了，我們的處境可能很慘。時間一分一秒過去，但我們還是沒看到愛爾蘭島。

但我們突然破霧而出，下方一大片汪洋上，出現一艘大型跨大西洋輪船。它的航線並非如我們以為的，是和我們平行，反而是與我們垂直交叉，它的行進方向造成我們不小的疑惑。我們是不是迷路了？

我們在輪船上方打轉，希望船長可以猜到我們想要什麼，然後在甲板上畫些東西好讓我們辨識。但什麼也沒發生。我在一張紙條上寫了這項要求，放入裝了兩顆橘子的袋子裡，打算從機身底部的艙口投擲到甲板上。但我的業餘投彈技術沒有奏效，準頭不夠，兩顆橘子落入船外的海水裡。

怎麼辦？我們不能繼續無目標地浪費燃料盤旋，如果路線真的錯了，應該放棄，降落在這艘不知名的輪船旁邊，然後安然地被拖到船上？還是應該堅持繼續飛，相信我們觀察的準確度？

我們三人心照不宣地同意繼續前進。我們知道只剩下大約兩小時、甚至不到兩小時的燃料，把這些燃料用在完成這趟任務似乎很合理。

於是我們繼續往東飛。飛行日誌記錄了這段緊張的時刻。日誌上寫著：「沒辦法使用無線電。現在降到相當清楚的位置。二千五百呎。

「八點五十分，兩艘小船!!（這兩艘小船不但沒有讓我們心煩，反而很高興地把它們當成第一個有生命的跡象。）而且是跨洋輪船。我們想知道目前的方位。無線電沒聲音（我是指不論史都茲如何大聲喊叫，無線電就是沒有回應）。只剩一小時的燃料。一團糟。所有船隻的航線都與我們交錯，為什麼？」

「一團糟」是我當時所能想到可以形容我們處境的字眼，形容我們的滿腹疑惑，因為燃料不足的絕望，因為無法與下方船隻溝通的憤怒。

原來那艘船是由佛萊德船長（George Fried）指揮的「美國號」（America）。後來他告訴我，每次聽說有人計畫飛越大西洋時，他就會派人每兩個小時在甲板上漆上方位，想說飛行員或許會剛好經過。但這次卻沒有，因為他沒事先聽到這次飛行任務的消息，所以沒準備油漆罐。他後來為了這次未準備周全而向我致歉，而且據我所知，之後他每次出航都準備了油漆罐以備不時之需。

後來發現，當我們看到「美國號」時，距離英國本土已經只剩幾哩遠，然而我們並不知道自己已經飛越愛爾蘭且正往威爾斯前進，這正是「美國號」在愛爾蘭海的航道與我們交錯的原因。

在沒成功的橘子投彈不久後，我們看到幾艘非常小的漁船，而我們知道它們不可能離岸太遠。雖然我們並不知道是哪個海岸，而且也不在乎。

正當「美國號」從雲霧中消失，陸地卻漸漸隱現了。之前幾個小時，我們看到太多看起來像是陸地的烏雲，所以一開始還以為這新的影子只是另一團烏雲。但它不會動，不會消散，在霧氣和降雨之間的影子反而越來越大。毫無疑問，它是陸地。

我們沿著海浪拍打的峭壁低飛，往下望到一排宛如童話故事裡的整齊鄉間樹籬，排列緊密的農田，和兩排種滿樹木的道路。

因為「友誼號」得配合平底船，所以必須跟隨水路，我們不敢飛越大片陌生的陸地，尤其是油箱裡只剩下幾公升燃料。經過幾分鐘沿岸飛行，我們來到看似一條河道的出海口，然後決定在附近一座小城鎮降落。我們知道，這次降落將是旅途終點，因為僅剩的燃料不足以再起飛。此時的燃料已經少得可憐，我們甚至只在水平飛行時才供給引擎燃料。

史都茲將「友誼號」降落在河道中央，滑行到一個重型標記浮筒前，他們讓飛機固定在浮筒上，以免被急流沖走。然後，在飛越了大西洋後，我們等待村民出來歡迎我們。

那個浮筒距離岸邊約八百公尺，說不定我們的飛機看起來和其他水上飛機沒什麼兩樣。當時有三個人在河道邊的鐵路上工作。恐怕沒有什麼哲學家能像他們培養出這麼穩重、不以為意的個性。他們看了看我們，涉水到岸邊，然後平靜地轉身繼續工作。

我們不得不待在「友誼號」上，等著後續發展。隨著時間過去，不見絲毫動靜。過了一會兒，一群人慢慢在雨中聚集。身材瘦小的葛登爬出來站在平底船上，請他們送一艘小船來，但毫無回應。說不定鎮民聽到他的話，但他的美國腔對這些威爾斯人來說，就像他們的語言對我們而言同樣陌生，總而言之就是雞同鴨講。

「我想要一艘船，」我最後爬到前面駕駛艙，向窗外揮舞一條白毛巾，代表有難。岸上一位友善的紳士看到我的手勢，脫掉了外套，和善地也向我揮揮手。不過就只這樣。

最後，船隻終於出現了。但是第一艘船把我們抵達的消息帶回岸邊之後，我們還是過了幾個小時，「友誼號」才被拖送到當晚的停泊處，飛機上的組員才終於能下機。

雖然我們原本預定降落在南漢普頓（Southampton），但天氣狀況太糟，無法繼續飛行，我們也需要食物和休息，雖然我們並沒有很快就得到它們。事實上，我們在十點左右才吃到晚餐，因為當晚有一萬名熱情的威爾斯人熱烈歡迎我們，現場還有三名慌亂的警察指揮秩序，令我們盛情難卻。

在我們造訪之後，柏瑞港的和善居民為我們豎立了一座五點五公尺高的紀念碑，上面寫著：

紀念第一位飛越大西洋的女性，美國波士頓的愛蜜莉亞・艾爾哈特小姐，以及她的同伴威瑪・史都茲和路易斯・葛登。他們從紐芬蘭的特瑞帕西起飛，駕駛水上飛機友誼號歷經二十小時又四十分後，於一九二八年六月十八日抵達柏瑞港。

我們抵達威爾斯的第二天，駕駛「友誼號」從柏瑞港飛到南漢普頓。我在這個路線上飛了一段，這是我此趟旅程中唯一一次飛行。南漢普頓的碼頭擠滿了各種船隻，史都茲花了一番工夫才找到寬廣空間降落。我們在空中滿懷疑慮地盤旋一陣子，直到突然間一艘快速移動的遊艇發射出信號槍的綠色火球，告訴我們歡迎委員會希望我們降落。

我們一到水面上，快艇就靠近把我們載到岸上。那是我最後一次看到「友誼號」，可惜也是我們最後一次看到飛行地圖和飛行裝備。如果那些東西沒有不見，我們可能會為了兒孫保存一些物品。人們收藏紀念品的癖好似乎放諸四海皆准，但某個孫子的損失也是另一個人的收穫。

舉例來說，當我們降落在柏瑞港，我的整包行李內有兩條絲巾、一支牙刷和一支梳子。有一條絲巾很快就被某個熱情者拿走了，我連什麼時候被拿走的都不知道。另一條我一直帶在身上，因為它剛好綁在我的脖子上。牙刷和梳子也倖存下來，也許因為它們是放在史都茲、葛登和我共用的行李袋裡。

順道一提，沒有帶行李，甚至是衣服的更換，似乎都可以引起許多話題，尤其是在女人身上。我根本無意建立什麼跨大西洋飛行裝的流行風尚，對於飛行裝束的選擇，我只考量能不能節省重量和空間。而我降落時所穿的就是身上唯一的飛行裝，別無他物。當我的英國友人們知道這件事後，就很慷慨地為我準備行頭。人們對於我缺少服裝的事情大加宣揚，幾個星期後我抵達紐約時帶了三大箱行李，冷酷的海關人員對我的採購品和禮物徵收關稅時，我簡直是有口難辯！

後來一位美國人買下了「友誼號」，後來又轉賣給三位打算飛越大西洋的南美飛行員。他們的計畫並沒有實現，最近我聽說那架忠心的老飛機已經成為南美革命分子的空軍戰力。

這次飛行的贊助人斐德烈克・蓋斯特夫人在南漢普頓與我們會面。那時我才更瞭解到這次飛行在本質上是很女性化的任務，由一位女性構想和贊助，她的願望是強調女性已經具備飛行能力。

對我來說，真的很意外人們把那麼多注意力放在「友誼號」的女性組員上，卻忽略了男性組員，他們才是真正負責這次飛行任務的人。這次飛行的功勞應歸於他們和背後的贊助者，以及這架飛機和引擎的製造商。只要一有機會我都會表達這個想法。

但我剛好是第一個完成跨大西洋飛行的女性，媒體和民眾似乎對這件事的興趣比較大。雖然可能不公平，這種情況卻在所難免。我認為在未來當女性越來越有能力完成各種探險，人們也就會把焦點多放在她們的成就上，不再拿她們的性別當話題。

有一天我會回英國，好好欣賞在匆忙行程中沒看夠的事物。我在倫敦兩星期的記憶就是茶會、劇院、演講、網球賽、馬球賽、議會，還有數百張面孔擠在這些地方。

然而，還是有些特別有印象的事，其中之一是優雅美麗的阿斯特子爵夫人（Nancy Witcher Astor）。當我拜訪她美麗的鄉間別墅時，她把我帶到一個角落說：「我對妳飛越大西洋的事一點也不感興趣，我想聽聽看妳的工作。」

很高興遇到一個把我當成正常人的人，當我告訴她我看到了「湯恩比館」（Tonybee Hall）這個「丹尼森之家」所仿照的社福模式時，她答應寄給我幾本她認為我會喜歡的書。她真的寄來了，而我也很喜歡。

就像童書《小熊維尼》（*Winnie the Pooth*）中的小男孩羅賓（Christopher Robin）一樣，我也喜歡看白金漢宮前的衛兵換哨，說不定羅賓是因為覺得很有趣。另外，習慣美國靠右行駛的交通規則的我，對英國車輛靠左行駛也感到非常新奇。

「那是依照國王的意思，」一位美國官員禮貌且得體地回答我的問題。我什麼話也沒說，因為他的答案已經很令人滿意了。第二天，一家英國日報刊登了我的回答，上面寫著：「我很榮幸來到英國，天哪，希望有幸能謁見威爾斯王子一面。」我保存了這份簡報，把它當成寶貴的紀念品。說不定這段所謂的引述隱含的英國腔鼻音，已經解釋了我為什麼沒有見到威爾斯王子。

在倫敦觀光和被觀光兩個星期之後，我們搭上了蒸汽輪船「羅斯福號」（Roosevelt）返鄉。我們盡情享受了這趟旅程的悠閒，這是打從離開波士頓以來，第一次感覺到輕鬆愜意。船長哈利・曼寧（Harry Manning）允許我們自由進出艦橋。

「你能不能載我們去南美洲，不要回紐約？」這幾乎是我們每天都會問他的問題，但終究沒辦法說服他改變「羅斯福號」的航道，在某個沒人知道我們的地方停靠。因為我們三個人都很害怕許多推不掉的歡迎會，希望海洋能無止境地延伸。

儘管害怕，回鄉的確是一大盛事。我們幾乎一靠岸，紐約市政廳就舉辦了歡迎會，紐約、波士頓、芝加哥的獎章贈與儀式也接二連三地來。駕車沿著大道行進，沿路人們朝著我們丟電話簿，這是另一種現代版的勝利遊行。

三年前，成功歸來的飛行員仍是頭版上的顯著標題。男性飛行員是頭版「新聞」，女性飛行員更是頭版頭條（當然，又是因為性別）。

我記得總共有三十二個城市邀請我們造訪。我很快就發現自己是波士頓人、堪薩斯市人、芝加哥人、德莫恩人、洛杉磯人和許多地方的人。（我先前提過，我童年待過很多地方。）雖然我對於他們真誠的邀請感到十分榮幸，但卻無法接受許多邀約。

我聽從曾幫助過我的那些人的建議，我們先前往幾個大城市，然後我就想退休。如果我接受那些行程邀約，可能一年都沒辦法回到家。

不過即使退休了，行程也是很緊湊。今天，如果你真的完成一項不凡壯舉，不論是飛行、輕舟旅行、游泳橫越海峽，套一句《愛麗絲夢遊仙境》裡的話：「總會有個出版商在你的腳後跟亦步亦趨。」寫書似乎在所難免。我的編輯希望趕快拿到書，他們永遠都這樣希望，於是我的前幾個星期的「休息」時間，全花在完成一本名為《20小時40分》（*20 hrs. 40min*）的小書。

寫書期間，我曾與編輯、行銷人員、航空公司和教育人員談過一些慷慨、荒唐、吸引人的提議。在任何承諾落實之前，這本書就已經完成了。顯然，該是再度飛上青天的時候了。

在英國時，我向瑪麗．海絲夫人（Lady Mary Heath）買了一架小型娛樂飛機。她曾單獨駕駛這架飛機從南非開普敦（Cape Town）飛到英國克羅伊登（Croyden），機身上釘滿了她那次英勇飛行的獎章和紀念品，當她把它賣給我時，她又放上另一個紀念章。上面寫著：「瑪麗．海絲贈愛蜜莉亞．艾爾哈特，永遠記得操縱桿要向前。」也就是說，如當你精神渙散、注意力不集中時，記得機首一定要往下，維持安全的飛行速度。

這本書將完成之際，「艾芙羅號」（Avro）送達了。在校對最後幾個章節期間，我曾在附近的馬球場試飛。最後校稿完成之後，我買了一本不錯的航空地圖集，就前往加州和在當地舉行的美國航空賽。

我對未來還是沒有計畫。是否該回去從事社會工作，還是在航空界找個工作？我不知道，也不在乎。此時我最想做的，就是在藍天之上當個流浪者。

泛美航空的「飛剪號」(Clipper)系列飛機之一

泛美航空提供

第六章　去流浪

這次飛越美國大陸之旅成了一段愉快的插曲，後來我發現自己是第一個獨自從大西洋岸來回飛行太平洋岸的女性[1]。但當時，那趟飛行對我來說主要是為了放假休息，來趟空中流浪的小小探險，暫時脫離寫作的牢籠。

我的流浪旅程第一階段經過匹茲堡（Pittsburgh）、岱頓（Dayton）、特雷霍特（Terre Haute）、聖路易（St. Louis）、馬斯科吉（Muskogee），然後進入新墨西哥州，最後降落在德州的佩科斯（Pecos）。

不論到哪，人們都會聽到汽車駕駛抱怨停車位難找。對於空中交通工具而言，找不到降落場地可能還更不方便。飛機引擎熄火時（雖然這種情況已經越來越少見），飛行員就必須立刻降落。當然，飛行員可以在半空中控制飛機，即使引擎沒有運轉，飛機也可以緩緩滑行降落，但必須要有平坦寬廣的空間才行。

既然任何人造機器都可能會故障，所以就算是今日性能最穩定的引擎，偶爾出錯也在所難免。如果這種情況出現，「停機坪」就變得非常重要。跑道並不需要很豪華，不過飛行員若看到大型機場提供的機棚服務和完善設備時，自然而然會受到吸引。但在沒有大筆經費支付空中交通的地方，通常只要有一處平坦的停機坪就很感激了。

我先前提到的，如果在空中發現飛機有點問題，明智的飛行員應該選擇降落，或選擇等待暴風過去，而非想要穿越暴風。在這些情況下，他的處境可能不像引擎完全熄火那樣危險，但不論如何，仍應以安全為考量尋找地方降落。

對了，還有遍及全國的在地標誌畫！任何飛行員如果從雲霧的洞口穿越而下，一定都會很感謝能得知自己的座標位置，即使這些資訊只用來檢查方位。如果飛行員偏離了航道，就可能很迫切要知道位置，才能確保燃料不虞匱乏。在天色漸暗或需要降落維修的情況下，時間分秒必爭。在這種情況下，單單一個信號都很可能成為救命工具。經驗不足的飛行員在飛越大陸時，特別需要這類幫助。

這種標誌畫還有另一種功用。身為一個城市的居民，我們應該很驕傲自己的

1 我目前找不到任何紀錄可推翻此事。

城市能被空中旅者一眼就認出來。通常除非城市的名字很明顯展示出來，通常多數空中旅客都無法從空中認出一個城市。雖然過去這幾年來已經有些改善，很多社區會掛出招牌好讓空中旅客辨認。在平坦的屋頂漆上白色或鮮黃色大型字母，就可以向飛行世界宣告一路上的城鎮名字。一個箭頭指向最近的降落機場也很有幫助。

想像一下，開車時沒有路標！想像一下，以飛行員的角度辨認一個新城市。以時速一百六十公里看著星羅棋布的街道和屋頂、樹木和農田，公路和鐵路四散放射和互相交錯，說不定還有一、兩條河流交錯其中，或簡而言之，就是一堂地理課。

在我的跨美流浪之旅，很少看到清楚標示的城市。某些城市的空中告示板根本乏人問津，上面的文字滿布灰塵難以辨認；而某些城市唯一可以從空中看到的文字，就是某些藥廠或藥膏的名字。許多地方的商務部可能無視於空中廣告的價值，但製藥商可不這麼認為。他們通常把自己的標誌漆在傾斜的屋頂上，讓空中和地面的旅客都可以清楚看到。

為了看清楚鐵路車站或其他建築上的標誌而刻意低飛可能很危險，但有時卻不得不這麼做。我敢說遲早各地都會立法強制施行空中標誌，因為這項立法在馬里蘭州已經開始實行，只要超過四千人的城市就必須實行空中標誌。美國商務部建議一套統一辦法，在鐵路或主要道路附近放置標誌，以供辨認。大型油槽也是放置標誌的好地方，在空中更容易看到這些油槽。

「我的羅盤指西，我已經飛了超過一個小時。時速一百六十公里。如果航道正確、風向順利，半小時後我應該飛越了柏格維爾（Bugville）八十公里外的一條河，越過那條河之後就是一條鐵路。左邊的第一個城市應該是普魯恩市（Prune City）。」

你很好奇飛行員心裡在想什麼嗎？在飛越未知的領域上空時，他想的差不多就是這樣。

在飛越美國大陸的途中，我迷路了，而且不是因為濃霧。

商務部特有的標誌

美國商務部提供

從沃斯堡（Fort Worth）往西時，我遇到了非常不穩定的天候。不穩定的氣流就像在波濤洶湧的海上，會使機身翻來覆去。在惡劣的氣流下，駕駛小飛機甚至就像在汪洋大海划獨木舟。

在這段特別顛簸的路程中，當我一邊駕駛，一邊想把汽油從儲油桶打入重力油箱時，地圖掉了。在那架飛機上，地圖通常敞開在我的膝蓋上，用安全別針固定在我的衣服上。但在德州上空那段緊張時刻，別針不知怎麼鬆開了，於是地圖就被吹走。

當我有機會往下四望時，卻看不到任何可以確認位置的陸地標誌。於是，我決定依循最後一次掌握的方位，西部偏南，繼續前進。

然後，我看見北邊一條高速公路上有許多車輛，轉向沿著那條路飛。這麼多車輛一定是要去某個地方，我想我也應該可以去那裡。在下方一大片起伏的原野上，那些汽車是唯一僅有的生命跡象，除了每隔好幾公里才偶爾看見的農場房舍或鑽油平台。我循著那條高速公路穿越州界進入新墨西哥，飛越了一些不知名的小鎮，然後，焦慮地看著車輛四散回家。那條路和路上的車潮就這樣漸漸消失了，只留下孤獨和迷失的我。

太陽漸漸西沉，荒土上的紫色暈光，開始從地平面上升起。我需要食物，飛機也需要油，否則馬上就要耗盡。我迫切希望能在天黑前抵達某地。

下方漸暗的地景上，突然出現一小團房舍聚集在一座油井旁。我小心地盤旋低飛，看看地面的狀況和這個小聚落唯一的寬廣道路。我相信主要道路是最明顯可以降落的地方，於是降落在路的一頭。在空氣稀薄的高空，快速降落是很必要的，所以我擔心「愛芙羅號」穿越這個城鎮的心臟時，打破此地的速限。

當居民出來查看誰在飛機上時，我才發現自己身在何處，這是座才成立六個月的和善鑽油小鎮。

鎮民幫我折起這架雙翼機的機翼，然後我用當地唯一的電話發出一封電報，再到貓頭鷹餐廳（Owl Café）用餐，從珍貴萬分但種類乏味的菜單上點了炒蛋、咖啡和麵包。還有一張床讓我好好睡一覺！

我喜歡沙漠黑夜的涼爽。長時間的飛行造成我被嚴重曬傷。多數飛行旅程，我都會戴帽子而非頭盔，因為頭盔會在臉頰留下一道曬黑的印子。長途飛行一定得戴護目鏡，除非是在密閉機艙內。當然，護目鏡會在眼睛周圍留下兩圈未被曬到的白印。在我的飛行日誌中，我寫下我抵達洛杉磯時，會看起來像一隻蜥蜴。

隔天早上，我準備從主要道路起飛，每個人都來幫我。但在準備時，輪胎被刺破了。當我享受著早餐的炒蛋時，鎮民也幫我補好輪胎。我爬上飛機時，覺得輪胎軟軟的，但每個人都說是我的錯覺。

於是，西南部的浩瀚黃土再度綿延在我的腳下。海上飛行也不比飛越一大片無人荒土來得孤單。有人告訴我一百六十公里外，大約西南方向，有一條河的右邊有條鐵路，或是一條鐵路主線的左邊有一條公路，端視當時我是偏西還偏南。

還記得開車穿越模糊鄉間指標時的感覺嗎？「大約直直開五、六公里，遇到一座舊穀倉左轉，然後越過一條小溪……」至少開車時還可以跟著路走。

在西部這個地區，許多河流蜿蜒而行，把這塊地區切割得支離破碎。我記得那天早上，當我飛到一條鐵路上方時，感覺就像當初「友誼號」組員飛越大西洋後看到陸地差不多。

當我準備在佩科斯降落時，想起修補過的輪胎，於是小心翼翼地降落。那個輪胎的確是沒氣了，但是因為機身重量很輕，所以安然降落。

佩科斯的鎮民對我很好。他們修好那個頑固的輪胎，當時正舉行會議的扶輪社帶我參加午餐會。那天下午，我起飛前往艾爾帕索（El Paso）後，出現了這趟旅程的第一次引擎問題，於是迫降在灌木叢和鹽山之間，那是我從四千呎高空所能看到的最佳地點，雖然並不能算很好。

因為那裡很靠近路邊，於是許多汽車立刻靠過來，女士們似乎特別焦急想看看我的樣子。我相信，有一天女人會成為飛行員，而且不被會視為怪胎！

當我準備降落，另一架飛機經過展現了良好的空中禮儀，那位飛行員在上方盤旋看著我安全降落。

飛機本來就應該在天空飛，看到飛機在路上被拖著走很令人難過。但我別無選擇，只能看著「G-EBUG」（我的飛機註冊號碼）這樣被拖回佩科斯，因為它的輪子不適合長時間在地面上滾動，我們不得不把速度控制在時速十六公里，而且每隔五公里就停下來讓輪胎軸承冷卻。當這架小飛機被拖到佩科斯的機棚時，天色已經黑了，我只好等待新的引擎零件從艾爾帕索運來。

如果你選擇偶爾出走來到一個陌生的地方，造訪陌生的降落跑道，也許事情不會一路順暢，但它帶來的樂趣卻很值得。

「G-EBUG」是漆在海絲女士的飛機上的英國執照字母，我向她買下這架飛機時，保留了這些字。美國的執照是結合英文字母和數字。擁有核准執照的飛機，通常叫做ATC，C之後會有幾個數字。C代表飛機已經通過商務部所規定的飛航測試，可以在美國各地飛行。如果C前面加了一個N，就代表它也可以在國外飛行。舉例來說，我自己的「洛克希德機」（Lockheed）執照是NC7952。當然，所有航空公司的飛機都一定有「C」執照。

商務部也核發實驗執照，用在某些正進行測試或打造中的飛機，前面會有一個X字母。

如果飛行員更動了商務部已經核准的任何標準時，就必須通知檢查員，然後依飛行員所做的更改，他可能會收到R執照。例如林白上校的飛機號碼就是NR211。

由於核發的飛機號碼越來越多，商務部最近在一般的NC飛機之外，增加了另一種區別。因此，我用來創下第一個女性飛行速度紀錄的飛機，號碼就是NC497H。

有時候，我們會看到有號碼、但沒字母的飛機，這表示因為某些原因，這架飛機還沒拿到執照，號碼只是為了辨認之用。（G-EBUG和它同型的飛機，最初從英國進口時，機身上也只有辨認用的數字。）商務部的飛機則有一個字母S，通常數字也很少，例如NS1、2、3等。

在她的「洛克希德織女星」（Lockhead-Vega）單翼機上

第七章　接下來做什麼？

一九二八年夏天，我結束了這趟小小的跨州之旅。我在洛杉磯參加了當年度的美國航空賽，與許多老朋友見面，有些人打從我的飛行學生時代後，就再也沒見過。

然後，我回紐約準備迎接之後可能從事的工作。飛越大西洋之舉為我帶來更多不同性質的工作機會。為什麼一個沒從事過這些職業的人，經歷這次飛行經驗後，就適合做這些工作，這實在令我匪夷所思。和許多焦點人物的經歷一樣，許多我根本不認識的廣告商和公司紛紛開始邀請我，甚至還有進入商業飛行界的工作機會。

在林白上校的飛行壯舉之後，美國大眾似乎也期待著空中運輸的可能性。人們把它形容成「即將來到的事」，但商業飛行其實已經行之有年，而且航空公司的網脈也早已存在。對許多人來說，這種擴張只意謂著航空股票的起跌，而不是他們可以實際搭乘飛機旅行的可能性。

《柯夢波丹》雜誌（*Cosmopolitan*）的總編輯瑞．隆（Ray Long），邀請我加入他們的團隊擔任航空編輯。以這本雜誌的龐大銷售量來看，我很高興有這個機會能以我最喜歡的主題接觸龐大的讀者。在決定接受隆先生的邀請時，我也知道自己已經與飛行永遠牢牢相繫了。

除了撰寫許多文章，我有一部分時間在回答讀者來信詢問各類與飛行有關的事。回答這些信件時，我覺得好像人人都想學習飛行。當然，其中也有很多人可能成為未來的飛行員。我也收到許多女孩的來信，她們的來信和男孩一樣多。

這些信件裡，有認真的問題，也有好笑的，還有一些訴說貧困、野心和夢想的故事。有一位發明家發現了一種裝置，可以提升所有飛機的效率達百分之三十。一位房地產業者希望能加入飛行界，因為它有「前景」。一位年輕人寫道：「給我一間飛行學校的名字。雖然我只是一個辦公室小弟，但我是個優秀的小弟。」來信者有老師、技師、勞工等，大批各式各樣的信件紛紛來到我的桌上。

一個小孩子用鉛筆在黃紙上寫著：「為什麼單翼機比雙翼機更快？」這個問題很難用簡單幾個字的回答就讓小孩理解。

「親愛的艾爾哈特小姐，我和男朋友吵架了，我想要學飛行，請告訴我該怎麼做。」另一封信寫道。

我承認我對這件事的前後因果有些好奇。這位來信者是為了飛行而拋棄她的仰慕者，還是她以為開飛機就可以「結束一切」？我沒辦法猜到答案，所以只能告訴她，一如我告訴所有詢問「怎麼飛行」的讀者：學飛行的第一步就是通過商務部的體能測驗。

也有人寫信恭喜我游泳橫渡英倫海峽，被亞速群島附近的一艘船救起來。我收到一些原本應該是寄給美國游泳選手葛楚・愛德蕾（Gertrude Ederle）或美國演員羅絲・艾爾德（Ruth Elder），現在她冠夫姓坎普〔Camp〕，也是位飛行員）的信件；我總覺得可能是因為我們三人姓氏開頭都是E。

我最常被問到：「你認識林白上校嗎？」也有很多問題是關於感覺的，例如：高飛、低飛、高速……的感覺是什麼？我還收到一包意外包裹，但現在我不再覺得意外。它雖然是包裹，但內容仍然是：「我對飛行**非常**感興趣。我一直很嚮往能飛上青天，可惜一直沒機會，在藍空中遨翔一定**很棒**。」接下來才是讓我意外的：「能不能寄一張照片給我？」

「我母親不准我飛。」我聽到許多這種大同小異的抱怨。

在我最初幾個月的編輯生涯，我替未來飛行員的父母列出了一長串「不要做的事」。想對孩子試試下列方法嗎？

- 不要禁止孩子飛行，除非你親身體驗過。
- 不要讓孩子駕駛任何沒有政府核准執照的飛機。
- 如果孩子想學習飛行，不要讓他們到次等學校受訓；一定要瞭解學校的設備和教師。
- 如果他們想買一架自己的飛機，不要省小錢貪便宜。如果必要，等你們有錢買優良的引擎，而且孩子的飛行技術純熟後再買；不要因為省錢而冒生命危險。

- 欲速則不達，不要催促孩子的學習過程。
- 除非孩子做過詳盡且滿意的體能測驗，不要讓他們認真考慮飛行。
- 不要告訴飛行教師如何教飛行。
- 不要忘記為剛開始學飛的孩子打氣，而且要對他們有信心；不要讓他們因為你的擔心而擔心。

最重要的是避免「偷學」飛行，有些孩子會因為父母反對而私下學習。我敢說有的父母並不知道孩子多麼常找機會去機場旁觀。只要經常到機場的人，就知道每次都會看到小孩或年輕男女在機場旁觀看。他們在圍籬旁排成一排，只要有機會就溜進製造廠、停機坪或等候室。他們想知道一切有關飛機的事情和操作方式，最重要的是，他們想飛。他們常會和任何願意載他們的老飛行員坐上老飛機免費飛一圈。如果父母宣布不合理的禁令：「不許飛。」他們就會把錢存下來，然後自然是拿去買一段最便宜的飛行之旅，而這種飛行當然也不一定很安全。

飛行有安全的，也有不安全的，就像開車或坐船一樣。不論只有父母一方或兩個人，都應該陪伴子女的第一次飛行。確保機場具備有執照的飛行員和飛機，這與監督孩子的其他日常活動一樣重要。因為現在這個世代的孩子遲早都會離開地面！

拖延並不能解決飛行的問題。有些母親告訴我：「女兒十六歲以後我就會讓她飛。」（或十八歲、或其他年齡，我不知道決定這些年齡的原因。）「為什麼不是現在呢？」我曾經問她們，但得到的答案通常都很可笑或很有趣，但理由卻不太充分。有時候我知道她們的女兒早就已經起飛，所以多餘的解釋也不重要了。

無庸置疑地，我很遺憾這種親子之間歧異，尤其是父母親不曾試圖瞭解，就禁止孩子在大學修讀可能引領他們進入航空事業的學科。孩子在這方面可能擁有很大的天分，強迫他們去做別的工作實在很可惜。

我在前面幾個段落已經大肆批評父母，現在也許應該再談談另一類重要的成人，也就是塑造未來主人翁的老師，我有一股衝動想讓所有老師至少參加一堂飛行課程。

在我擔任雜誌編輯時，收到一些大學生的來信，詢問如何說服校方允許飛行。相對於某些學校機關的開放，有些學校卻禁止飛行，甚至禁止學生搭乘空中交通工具往返學校和校園，有的還以退學為懲罰。當然，以校方的角度而言，某些學校的堅持也有諸多原因。我記得有一所大學因為人為疏失而發生一件意外，因此矯枉過正頒布比之前更嚴格的禁令：禁止所有的飛行。

就我的想法，不論是在學院或任何地方，中庸之道就是有人監督的飛行課程。飛機很可能會被誤用，造成安全性降低，這道理和任何交通工具都一樣。

這些信件讓我相信，今天有越來越多年輕人開始接受飛行。對下一代來說，飛機可能和汽車一樣尋常。未來他們談論到飛行時，應該會對飛行有更多瞭解。

說到年輕人對飛行的看法，有天晚上我在新墨西哥一個小鎮降落。那裡沒有機場跑道或任何飛機設備，我後來得知那個小鎮多年來都沒有這些設備。我的輪子才剛著地，就有一個小男孩騎著腳踏車靠近我，他看了看我的「愛芙羅號」，然後問我：「嗯，妳的飛機沒有溝槽，對吧？」這個孩子不可能有機會看到這種飛機，除非是從書本上得知；然而，他不但能認出我的飛機機型通常裝有溝槽，而且還知道這種裝置的樣子。

飛行的術語也變得很平常，現代的字彙已經出現「副翼」、「引擎轉速」、「側滑」、「失速」、「死桿」之類的語彙；飛行也開始對語言有所貢獻。今天某些不常見的飛行文句，在明天可能變得稀鬆平常。相反地，現在的某些航海用語，在未來可能就會變得很稀罕了。

第八章　飛行之貌

飛越大西洋之旅帶給我的特權，不只是寫作和飛行。事業也開始呼喚我，對我來說，「事業」意謂著我之前提過的商業飛行。

這一行出現許多新興公司，我正逢其盛。雖然第一批大型航空公司已經成立，但經營者和旅客都不太瞭解這一行在做什麼。飛行這一行當然需要「推銷」，而經營者深信民眾想要的是豪華服務。因此，這段期間的廣告宣傳都強調飛行時的舒適。

> 機艙的裝潢和座椅呈現柔和舒適的顏色，四周點綴了現代藝術。艙內的設計與航線上鄉間的自然顏色融合一體。每位乘客座椅上方的壁燈和柔和的頭燈，在天候陰暗時可以照亮整個座艙。

我認為這種宣傳方針有一些很好的理由。首先，讓人們知道搭乘飛機和搭乘其他交通工具沒什麼兩樣。航空公司讓人們熟悉飛機內的裝潢，這樣一來就比較容易說服膽小的人搭飛機。

「哇！那些大飛機還供應餐點，也有像火車一樣的行李架，乘客可以看書。坐飛機沒有那麼糟糕啦！」航空公司大概希望人們這麼想。其次，強調空中旅行不像許多航空站看起來那麼不舒服，其實是很合理的想法。最後一點，也很重要的是，必須扭轉準客戶認為票價昂貴的觀念。一個人花越多錢在車子上，他浪費的錢就越多！

我的下一步就是加入「跨陸航空公司」（Transcontinental Air Transport, TAT）這家前衛的航空公司，工作是向女性推銷搭飛機，包括介紹飛行，並留意吸引女性乘客的細節。不論是否屬實，機票銷售員認為女性是他們遇到的最大業務阻力。這些男人說，她們自己不願意搭乘飛機，也不許家人搭。有人這麼形容：「如果媽媽不點頭，爸爸就不能飛。」

工作時，我駕駛定期航機，此外也在機上加以說明。有時候我會帶著母親一起飛，對她來說，飛行已經成為很普通的事，她甚至會隨身帶一本偵探小說，以便在長途飛行期間保持清醒。

隨著飛行事業快速發展，乘客也有不同的態度。人們開始接受航空公司的存在，就像鐵路和巴士運輸公司一樣必要。航空服務次數和降低票價的需求也越來越明顯。有時候，如果班次不夠多，乘坐飛機未必比地面交通工具能節省時間。舉例來說，如果有人想從紐約到克里夫蘭（Cleveland），可能會發現每天早上九點有一班飛機飛往西岸。如果他必須到下午才能出發，當晚搭火車抵達克里夫蘭的時間，還比下一班離開紐約的班機更早。航空公司不可能只為了配合少數旅客就增加班次，如果要達到每天增加更多班次的載客數，票價勢必需要降低。

有些航空公司專門從事長途飛行，有些同樣居先驅地位的公司則致力於更快速的短程路線。在「跨陸航空公司」，我認識了金恩．維達（Gene Vidal）和保羅．柯林斯（Paul Collins）。柯林斯是公司的行政總監，曾經是著名的空郵飛行員，我記得他有八千小時的飛行時數。他是優秀的飛行員，很瞭解飛機和其他飛行員的背景。

維達是前陸軍飛行員和工程師，任職於「跨陸航空公司」技術部。他的興趣和經驗主要是分析乘客的問題和營運成本。他在西點軍校曾被遴選參加全美足球隊，至今仍是西點的田徑運動紀錄保持人，參加過奧運。他也打籃球和棒球。

柯林斯這個人和他的飛行事業有許多故事流傳。他的綽號叫「小狗」，不知是什麼原因。我有一次問他是否用過降落傘。

「有啊，我用過，」他承認。

「發生了什麼事？」我問他。

「這個嘛……很多年前我在紐約和克里夫蘭之間送夜間郵件，有一次遇到一場暴風雨，」他接著說，當時與暴風雨搏鬥，飛機的一片機翼折落了。起初他並不知道發生什麼事，因為沒辦法往駕駛艙外面看。但過了一秒他就知道應該跳機。他把引擎熄火，跳出飛機等待降落傘打開。降落傘很快就打開，脫離方才離開的殘破飛機。

當他發現自己在群眾上方幾千呎安然無恙時，頓時覺得如釋重負。他在賓州

拉丁頓航空（Ludington Line）早期三位副總裁：
金恩・維達、愛蜜莉亞・艾爾哈特和保羅・柯林斯

一大片濃密樹林區的上方跳機。當他穿越黑暗時，腦中突然出現一個念頭破壞了整個降落過程，幾分鐘前的如釋重負現在變成了焦慮不安。

「我真的很擔心，」柯林斯承認。

「我相信，你可能會撞上一棟房子、一大堆樹木或一座湖。在一片漆黑下跳傘可不是好玩的事。」我說。

「小狗」說：「我倒沒擔心那麼多，但擔心著陸時遇到一頭熊。有些打獵迷告訴我，這個地區有很多熊。」

後來，他在一塊空地上安然著陸，也沒看到熊。但他還是說，希望永遠不要再到那個地區跳傘。

維達和柯林斯對航空公司都有自己的看法。不久後，他們就離開「跨陸航空公司」，在費城投資設立了往返紐約和華盛頓的另一種航空公司，每天提供十次來回準時班次，這是第一家提供這種飛行距離服務的公司。

他們的計畫非常大膽，因為這條三百二十公里的路線已經有很完善的地面運

跳傘的三階段

陸軍航空兵團（Army Air Corps）提供

輸。「如果人們有這麼好的鐵路或巴士服務，他們不會想搭飛機，」最初，他們經常聽到這樣的警告。然而，他們仍以極少的成本推展這家公司，並且事先安排了行政作業。與原先計畫一樣難得的是，所有成本估算都正確！

他們邀請我加入這項計畫，我也欣然接受，與維達和柯林斯同為這家新開幕公司的副總裁。在參與商務航空公司的實際創業過程中，我得到很多樂趣，包括一開始的紙上談兵，到後來的實際執行。

維達和柯林斯從無到有創造了想要的公司，後來並管理這家公司。他們創造出航空運輸的新頁。除了在舊金山灣的一家航空運輸公司，它是世上第一家多班次服務的航空公司。我這麼說並不誇張。它的目標是以定期班次，在三個重要城市之間快速且便宜地運送乘客——把鐵路服務的原則用在空中旅客身上。

這家公司後來非常成功，也讓許多航空專家跌破眼鏡，因為他們並不相信航空公司沒有透過郵件合約獲得政府贊助光靠搭載乘客會有利可圖。第一年，我們的旅客人數達六萬六千二百七十二人，飛行哩數達一百五十二萬三千四百哩（約二百四十五萬一千六百八十四公里）。每天的總哩程數超越所有航空公司從倫敦到巴黎這條航線的總合，倫敦到巴黎的距離相當於紐約到華盛頓。我想大多數的美國人都不知道自己國家的航空事業已經遠超過英國和歐陸之間，雖然國外的航空服務歷史比我們久。

美國每天搭乘飛機的旅客，比歐洲所有旅客還多，郵件也是。美國航空業的服務就算沒有比較好，與歐洲航空業也不相上下；飛機通常也比較快，飛行安全紀錄和法國、德國、英國的相當。美國的飛機票價相當於鐵路加上臥車的票價。你知道每天都有固定班次的飛機，飛行哩程至少有十五萬哩（約二萬四千一百四十公里）嗎？這些數字還不包括私人飛機和軍方飛行員所飛行的數千哩程。而且，商務航空業才正開始起飛呢！

就像在「跨陸航空公司」，我在紐約、費城和華盛頓航線的主要工作都是面對乘客，說服乘客和在事情出錯時安撫他們。我要回覆數不完的信件，還要對各式各樣的乘客演講。我的演講每次都是針對各種不同的人談論飛行。在這段推銷期間，我遇過大學生、婦女社團、專業人士，也在三教九流的人面前演講過。

通常我會請在場搭過飛機的聽眾舉手。在都會區的女性中，專業人士的團體搭乘過飛機的人數較多。此外，幾乎所有人只要有機會，就願意搭飛機。為了提倡這種進步精神，我本人搭載了四位「費城廣告婦女會」（Philadelphia Club of Advertising Women）的四位成員（我的飛機只能載這麼多人）前去華盛頓參加一場全國會議。這些成員就是喜歡搭飛機。她們的態度，讓我不禁想起一年多前機票銷售商所形容的女性，差別真大。

回頭談談航空公司，我們經常遇到一些小問題，特別是乘客的舒適度和便利性。我很快就發現一個恆久不變的真理，就是滿意的顧客很少會說自己受到周到的服務，只有不滿意的客戶才拿起筆大書特書。

機艙裡的溫度不是太高就是太低；氣流不穩定也是「公司」的錯。行李的問題也經常出現。如果是鐵路運輸，行李重量沒什麼關係，乘客可以攜帶很多的袋子和行李。但換成搭飛機，這時候通常只允許十三公斤或中等大小的行李，超重必須加價。就算是飛機的乘客很多，也不可以違反商務部的航空載重限制。（就像在地面的高速公路上不可以超重駕駛一樣。）

某天，一位仁兄帶了十三件行李，這替他和我們都帶來厄運，雖然這件事與數字可能沒什麼關係。

「您的超重行李費用必須另計，」作業人員秤行李重量時說。

「什麼？」這位乘客大叫。「還要加錢？我搭火車可以帶所有想帶的行李，沒有人會管我！」

「對不起，我們必須要另外收費。搭飛機時，行李的重量非常重要。」作業員回答。

「我不會付錢，而且我還要拿回訂金。鐵路公司就沒有航空公司這種可笑的規定。」

「問問看那先生，他會不會拿一個大皮箱到客車上？」群眾中有個聲音說。

因為「十三先生」已經預訂座位，飛機也即將起飛，所以我們自然拒絕退錢。想當然爾，我們收到大量的信件抱怨所謂的「可笑規定」。

在飛機上，我們運送各式各樣的快遞或奇怪包裹。我就護送過一隻金絲雀，在空中那隻鳥似乎比其他動物乘客還害怕！

其中還有一匹小馬。為了某些特殊原因，牠必須立刻從費城前往華盛頓特區。於是我們賣給牠兩張座位（雖然牠有一部分必須站在走道上），讓牠安穩舒適地完成這趟旅程。為了證明牠確實搭過飛機，牠還戴著護目鏡在空中被拍了一張照片。

還有狗，大多數是小狗，也是我們常見的乘客。理論上，飛機上不可以攜帶寵物。但每次飛機快到終點時，就會有很多小狗出其不意地從一臉無辜的女性乘客的大衣下露出頭。

如果乘客誠實告訴我們有攜帶動物，我們偶爾會放寬規定。有一天，一位女士打電話來說必須從華盛頓帶一隻狗到紐約。可不可以，拜託？「牠是隻可以放在膝上的玩賞狗，是我最珍貴的東西。」她補充道。

每個人都聽過有些父母在搭乘火車或巴士時，為超齡的孩子買半價票通關。航空公司也學到各種這類小把戲的手法，但當我們第一次遇到的例子是一隻狗時，真是大呼意外。

當這位打電話的女士抵達機場時，旁觀者形容她帶的那隻狗體型活像小公牛，機場人員都覺得被騙了。

「女士，妳一定得把牠放在腿上，否則牠沒辦法登機。」一位機場人員冷眼看著牠。這位乘客露出驚慌的表情，只好登機並將狗抱在腿上。我猜想那隻狗的這趟飛行一定比她還愉快。

當然，航空公司也會犯錯。有一天，第五大道上一位花藝店老闆希望展示空中運輸的優點，於是送了一大盒美麗的紫羅蘭給華盛頓的客戶。送貨員不幸把這珍貴的包裹放在暖氣設備上，飛機抵達時，包裹裡的東西看起來就像裝飾著銀色緞帶的菠菜。

冰淇淋也遇到類似的命運。紐約一家廠商本來要提供費城一場午餐會的甜點，九點鐘包裝盒在紐華克機場（Newark Airport）送上飛機，也準時起飛。但有人忘記在費城將包裝盒卸下飛機，於是它們被直接飛往華盛頓。當那些盒子停留在華盛頓時，機場人員打電話到處詢問應該送到哪裡。經過了一陣耽擱，這些盒子又被送回費城。我不知道後來這些冰淇淋到底送到哪去了，但傍晚六點半它們化成液體出現在午餐會的地點。這些冰淇淋無言地見證了航空公司的效率。

最常見的錯誤（至少在一開始），是一位兩賣。當最後一刻，只有十個座位的飛機卻出現十一位乘客時，實在有一點尷尬。

紐約、費城、華盛頓和所有其他航線，永遠都要看天氣吃飯。某些情況下根本無法起飛，就像我先前說過的。如果飛機必須停留在地面，班次就會取消，乘客只好不情願地改搭火車。

然而，我們也正在克服天氣的困擾。工程師不斷在進行實驗，改良儀器以供視線不明時飛行，科學家也在研發更精準的天氣預報，滿足飛行員的需要。

比方說，美國氣象局每小時發布一份各州航線上的天氣報告，告知航線上的各航空站。所有飛機都可以裝設一架電報機得到這項服務。

天氣資訊不但可以藉由電報機得到，同時也每小時廣播一次。因此，任何帶著無線電設備的飛行員就可以收聽特定頻道，得知在飛機領空附近的天候狀況。當然，在空中收聽到的消息，在地面上也可以收到。這些廣播訊息都是以口語的方式播送，而非密碼。許多機場用擴音機播放這些廣播，好讓所有需要的人都聽到。

除了氣象局的服務（它們的航線服務業務是由商務部掌管），部分大型航空公司也有提供自家公司使用的氣象服務。在空中的飛行員經常與地面塔台和其他飛行員保持聯絡，每隔一段時間就會收到航線上的觀測員觀察到的天氣訊息。

第九章　氣象專家金寶博士

世上有一種人，每個宴會的女主人都仰賴他，職業拳賽和基督教募款餐會的促銷者要徵詢他的建議，收割玉米大麥的農夫急切地等待他的判斷……這個人就是天氣預報員。其中有一個特別的天才，飛行員的性命常仰賴他的準確資訊；知道他說了什麼話，就像知道引擎零件齊備一樣重要。

這位參與過全國性的大型飛行活動的指揮者、氣象學家和所有飛行員的朋友，他本身並不會飛行。

但他卻要對飛行員下令「起飛」。

「天氣如何？金寶博士怎麼說？」

這兩個問題在我們停留特瑞帕西的十三天裡，已經問過無數遍，就像前面提過的，當時我們已經準備展開跨大西洋飛行。

後來回到紐約，我與這位我們當時十分依賴的「氣象員」見面。他看起來像中年人，一撮白髮蓋在寬闊的額頭前。他有親切的眼神、和善的笑容和低沉柔和的南方口音。他想知道的第一件事，就是我們在那趟飛行中遇到的天氣狀況。

「等妳有時間，等妳忙完這些，」他指的是群眾，「請告訴我在飛行中遇到的實際天氣狀況。因為我們對海上氣候的瞭解實在不多，而且顯然我們預測的天氣沒有出現。」

有一天，我前往紐約市下城，到懷特荷大廈（Whitehall Building）頂樓的氣象局拜訪金寶博士。那時已接近中午，他站在一張高腳桌旁，我們的談話不時被傳進來的電報打斷。這些訊息包含一些傳自曼尼托巴（Manitoba）、堪薩斯或古巴（Cuba）的數字，記錄那些地區的天氣狀況，像是氣壓、風向和風速、能見度和氣溫，以及是否會下雨、降雪、起霧或出太陽。

在他前方的桌子上，有一張美國和大西洋的概要圖。當訊息傳進來，金寶博士就用鉛筆在地圖上畫圈。最後，每個圈標出了特定的氣壓區。許許多多的小圈和大漩渦，叫做等壓線，慢慢覆滿了整張地圖，而在另一張地圖上則慢慢形成另一張等溫線圖，以線條代表不同的溫度。

金寶博士和我談到有趣的天氣行進現象（因為氣象預測就是以這些行進變化

的預測為基礎），「高氣壓」和「低氣壓」（也就是良好天氣和暴風中心）很少長時間保持不動。在美國，它們幾乎都是從西往東行進，在北半球和大西洋上空的風向也是來自西方，主要是因為地球自轉。

金寶博士解釋道，如果在北半球，每個暴風中心都是以逆時鐘旋轉。「妳有沒有注意到，洗臉盆的水永遠都以逆時鐘方向漩入管道？」他問我。

金寶博士繼續說：「我們通常在中午左右完成天氣圖，這些報告會從美國一百五十個觀測站傳進來。在加拿大還有三十多個觀測站，另外有百慕達和北極圈幾個定點，包括格陵蘭。夏天時，我們會收到紐芬蘭大淺灘（Grand Banks）冰地巡邏員定期傳回的資料。當然，每天早上，英國也會傳來包括大西洋東部和歐洲的資料。」

彙整並消化這些傳來的遠地資料大約需要四小時。一旦傳進來，並完成氣象圖，氣象局就準備發布預報。我們在報紙上看到的「天氣晴朗溫暖」預告，並不是某個樂觀者的胡亂猜測；那是一百多人辛苦努力後的結果，而它的彙整工作也花費了數千美元。

土播鼠和業餘氣象預報者所言的「自然跡象」，在民眾期待準確資訊的需求下，已經漸漸式微。現代經濟體制可不能仰賴它們。需要良好天氣的長途飛行和商業活動，必須有更精確的根據，而不是只依像是「魚鱗天[1]，三好天」這種諺語來判斷。

「有多少船隻會提供海上天氣資訊？」

金寶博士感嘆道：「不夠我們所需。我們沒有足夠經費提供所有想要的服務，但比以前好太多了。北大西洋上方的暴風規模，比陸地上的任何暴風還大，有時候涵蓋的範圍相當於從紐芬蘭到英國群島。那只是範圍，至於高度多少，我們並不清楚。

「在颶風季節，西印度群島海域有一百多艘船隻報告天氣狀況。如果北半球

1 譯註：指天空出現大片卷積雲或高積雲。

的船隻定期送來資料，我們的海上氣象圖就可以很準確。這對海運貿易很重要，當然對於跨大西洋飛行的發展也很重要。同時，這種資訊可以大大幫助我們預測岸上的天氣，不論是美國大陸或歐洲。」

金寶博士和許多氣象員都相信，定期的跨大西洋空運服務，不論是飛船或飛機，都是必然的趨勢，而且實現的時間不遠。事實上，今天它的障礙之一就是缺乏完整的氣候資訊。並非所有飛機都很脆弱，無法離開暴風區，但它們如果能利用氣象訊息避免危險，就更適合長途飛行。

船隻不論暴風雨大小，都必須繼續前行。飛機有時候可以避開暴風雨或逆風，只要飛到天氣狀況比較好的高度。比方說，只要飛機飛得夠高，在北半球一定都是吹西風，不論地面的風向如何。

柏德上將在著作《飛上青天》（*Skyward*）中寫到：「我現在認為『美利堅號』（America；他飛越大西洋時駕駛的福克單翼機）可以克服在大西洋上可能遇到的所有暴風。未來飛機面臨的嚴重海上天候，也就是颶風，可能會使燃料耗盡。」

他說的是今日的飛機。這些飛機很大，很多重量都高達數噸。未來，飛機的體積、重量和力量的面貌如何，我們誰也不知道。

許多經驗老道的飛行員都同意他的看法。別忘了，柏德是在跨大西洋飛行之後才說這段話的。在他飛行之前，氣象局盡可能提供他詳盡的氣象資料。當時他需要一道西風之助抵達目標，才能增加燃料補給。就算只有模糊的資料，他也得到了想要的，雖然也有出乎意料的天氣狀況出現，就像後來美國飛行員張柏林（Clarence Duncan Chamberlin）飛抵德國那次壯舉，以及我們那次「友誼號」的飛行，都遇到過狀況。

氣象精準預報的日子已經不遠，未來氣象專家將能提供飛行員大西洋上詳盡的氣象資訊圖，包括當時和未來二十四小時的資訊。海道測量局（Hydrographic Office）現在已經每個月發布高空圖，在角落還有一段文字說明：

建議飛越大西洋的飛機路線：在圖表上所標選的路線中，由最近跨洋飛行和目前的飛航發展所得到的距離、溫度、風向和一般天氣狀況資訊研判，從亞速群島到英國普利茅斯（Plymouth）的最北路線，是本月建議的路線。

在金寶博士位於紐約的辦公室，詢問天氣狀況的問題非常多，但直接與飛行相關的卻還是少數。

「我打算運送一批煤炭渡河，但碼頭還結冰。你們可以告訴我風向什麼時候會改變嗎？那時我才能把貨運出去。」

「美國今年是否不會下雪？我總不能每次滑雪都跑去加拿大。」

「能不能告訴我今天下午是否會下雨？我想知道到底要不要穿雨鞋。」

每天辦公室接到數不清的電話詢問類似問題，有些好笑，有些悲慘，或者說是問題背後的故事很悲慘。即使詢問飛行天候的電話比較少，但也經常出現。然而，隨著氣象局在航道上設立分站，這種新聞問題大多數就直接轉到機場辦公室去了。

金寶博士很認真看待飛越大西洋這件事。在一些飛行之旅的準備工作期間，我知道他經常熬夜，整合傳送進來的資料，然後盡可能提供給飛行員和他們的同事。我真的認為他在「友誼號」停滯特瑞帕西的十三天裡，根本沒上床睡覺。

當艾爾德和她的飛行教練喬治・哈德曼（George Haldeman）出發時，金寶博士曾告訴他們在亞速群島附近會遇到暴風。他們仍然冒險穿越，而不是等到當時已經在中西部成形的暴風往東越過美國，造成紐約的機場根本無法起飛。在裝載笨重燃料的狀況下，飛機輪子很可能困在淹水的跑道上。

現在這種危險已經排除，至少紐約一座擁有九百公尺跑道、遇到下雨不會積水的機場已經完工。

金寶博士相信，天氣也可能是造成由東往西飛越大西洋的英國王牌飛行員辛奇克里夫（Walter G. R. Hinchcliffe）消失的原因，他隨著順向的東北風飛到海上，但後來在大西洋上遇到氣壓下降的區域，冰冷的氣溫可能造成他的飛機結冰而重量增加。

金寶博士也告訴我柏德上將飛往法國之行的軼事。紐芬蘭最東端瑞斯角（Cape Race）的氣壓計記錄到是好天氣，但汽船航線上一艘往西的船隻傳回的每小時報告，記錄到氣壓不斷下降。顯然這艘船的航線前方有一陣暴風，而柏德的航線也會遇到。

到了午夜，就在瑞斯角海外，那艘汽船傳來最後一筆消息。它的氣壓計讀數比岸上的讀數低很多。這位氣象學家在紐約的辦公室裡研究了手上所有資料，立刻明白這艘汽船的氣壓計不準確，第一段航程上根本沒有暴風。

金寶博士告訴我：「柏德的飛行之旅一開始就非常戲劇化，當我告訴他第二天的天候可能不佳後，他就去睡覺了。他和一位朋友待在距離羅斯福機場（Roosevelt Field）不遠的長島（Long Island）。到了午夜，我們發現這個氣壓讀數的錯誤，重新更改整張地圖。

「我打電話給柏德，告訴他很有希望出現需要的風向，然後趕緊畫出一張氣象圖開車拿去給他。我們到碰面時大約半夜兩點，我跟他說明了這個情況。

「『我們出發吧！』柏德說。

「『美利堅號』的組員在羅斯福機場與柏德會合，那架飛機早已在助跑的斜坡頂端上暖機了。太陽剛從低雲露出破曉，就開始下雨。

「『這場雨會很大嗎？』柏德問我。

「我告訴他資料上顯示，最糟也只是一場局部陣雨，並建議他出發。於是他就起飛了，裝載沉重的『美利堅號』在抵達跑道盡頭之前，終於起飛。」

於是柏德的飛行壯舉（金寶博士稱之為「最漂亮的航空之旅」）能否起飛完全取決於天氣資料。我敢說，這位氣象員直到柏德安全抵達法國之後，才敢上床睡覺。

為了表達對他的感激，所有參與重型飛機飛越大西洋的飛行員舉辦了一場晚餐會，金寶博士受邀為貴賓。當然，並非所有人都能蒞臨，但有些人還是大駕光臨，例如張柏林、柏德、林白、美國極地探險家巴爾琴（Bernt Balchen）、美國飛行員楊西（Lewis Yancy）、法國飛行先驅亞索藍（Jean Assoland；他專程從法國來參加）以及英國飛行員科特尼（Frank T. Courtney）。我和艾爾德是這些飛行員中唯一的女性。

在冬天的跨洋旅程中，許多船隻都因為天候而延期。就連鐵路交通有時候也會受到積雪或大雨的影響。在鄉間道路上，泥濘和積雪可能使最精良的汽車也寸步難行；每個城市居民都非常清楚暴風雨之後帶來的交通阻塞。當然又是因為天氣！

的確，天氣狀態影響著人類的許多活動，從作物收割到交通運輸不一而足。氣象局的設立始於一八五四年的「克里米亞暴風」（Crimean Storm）。它橫掃黑海（Black Sea），造成許多船隻在巴拉克拉瓦（Balaklava）沉沒，這些船隻在寒冬時運送食物和必需品給受困在塞瓦斯托波爾（Sebastopol）的居民。

法國戰艦「亨利四世」（Henry IV）在這場災難中沉沒，使巴黎國家觀測站站長天文學家勒威耶（Urbain Le Verrier），開始追蹤由西往東橫越歐陸的暴風路線。這項研究的成果，是法國政府建立了第一個天氣預報系統，該系統後來發展成現在世界各地施行的暴風警告與天氣預報服務。

從那時起，應用氣象科學持續發展，而航空飛行也帶來了氣象科學的最新問題。在氣象科學顯然還在發展的階段，我認為女性也可能成為氣象學家，因為這項本身就很有趣，也提供了瞭解飛行的機會。就我的瞭解，打算從事這方面工作的女性卻少之又少。

「有什麼原因讓女性不能當氣象員嗎？」我不久前詢問一位氣象局的主任。

「沒有，除了她們有時候必須在惡劣天氣下出門，攀爬梯子收集資料和觀測。」他說。

如果我不瞭解公務員考試，可能會以為穿著褲裝對女性氣象員是一項條件。但是，為了確定男女的錄取機會均等，我還是詢問了考試的事。

「沒錯，應考人不分性別，如果考試分數一樣，通常部門主管有權利決定要選擇誰。」

「氣象局到底有沒有女性？」我接著問。

「有一些，大多在華盛頓特區。她們的職位是速記員和職員，雖然大多數的職員其實是低階觀測員，而第一種職位的女性比例高很多。」

大多數的氣象局女性職員在華盛頓，但我認識一位駐守在某條固定航線上的觀測員，或者應該說，有一條航線剛好經過她住的地方。

哈德遜河在皮克斯基爾（Peekskill）變窄之處，屹立著聖瑪莉學院（St. Mary's Academy）。在這個地區，濃霧經常久久不散，而且很快就會再起霧。在紐約來回奧巴尼郡（Albany）的飛行員知道，如果他們可以通過那個區域，通常能抵達兩端的機場。而瑪莉·安東尼修女（Sister Mary Anthony）每隔一段時間就會傳送詳盡的氣象報告，讓飛行員掌握那個重要地點的天氣狀況。

第十章　再次挑戰

我們的航空公司籌備完成並順利運作後，又該是我展開飛行的時候，而且是進行其他嘗試的機會。

當時旋翼機在航空界是最新鮮的玩意兒，我自然也深感興趣。大概沒有什麼航空新發明能像它一樣，同時吸引工程師和外行人的興趣。有關它的報導（我敢說）在報章雜誌上出現了上萬字的篇幅。事實上，描述旋翼機活動的文章已經多得不勝枚舉，我根本不知道該從何開始我的飛行新篇章。說不定如果我打從一開始就嘗試旋翼機，可能會找到一些新鮮而非陳腔濫調的資訊。

也許一般人對旋翼機最大的興趣，就是它提供沒經驗的飛行員更高的安全性；或許它的奇特造型也是不論出現在何處都能引起莫大興趣的原因之一。

奇怪的是，旋翼機的歷史是從一本書開始的。早在真正的旋翼機出現之前，就已經有一本厚書在討論它。在《自旋理論》（*The Theory of Autorotation*）中，一位年輕西班牙機械工程師已經描述了一架從未存在過的槳翼式飛機的特性。

這本書的作者謝爾瓦（Juan de la Cierva）思維細密、勇於冒險且擅長發明，對於飛行和飛行器有一種永不止息的熱忱。他因為一場飛機意外，後來真的發明了旋翼機。有一天，他在當地飛機場目睹一場墜機意外，雖然沒人受傷，但這場意外使他深信，除非減少飛行危險，否則飛行絕對不可能有未來。大多數飛機都必須以特快車的速度直衝降落，這點在他看來是未來飛行發展的重大障礙。因此，他冷靜地開始展開別人都不曾做過的事：構思出一種擁有高速飛行且低速降落能力的飛行裝置。

我不知道他如何想出他的理論，或花了多少時間想出來，但完成之後，他的故事開始流傳。他收集了許多深奧公式的資料，並把這些文件交給一位工程師朋友，跟他說：「**你來做。**」

這並不表示謝瓦爾從此把建造旋翼機的問題完全交給別人。剛好相反，旋翼機有十多年都停留在原先的發展階段，他也積極聯繫各項細節。而且，我想他應該會繼續努力下去，直到成品更接近他最初的理論。

我們不應該忘記旋翼機仍只是一種實驗性的飛機。如果要和其他的飛機在商業上一較高低，它的巡曳速度必須超過目前約一百三十公里的時速，同時必須以更少馬力載運更多物品，並裝載超過兩小時的油料補給。它的花費和保養也必須更便宜，才能吸引想擁有飛機的私人買家，會像買車一樣買架飛機。

旋翼機逐漸成形後，這些缺點無疑一定會被克服。它已經能做到當初發明者所夢想的能力，可以像鳥一樣降落地面，而且在地面上完全不會振動。我的一位乘客步下飛機時，貼切地形容了這種特性：「它就像一隻兀鷹一樣地降落。」比起傳統高速飛機降落時需要長途搖晃滑行，這種「兀鷹」顯然需要的空間更少。不難想像，旋翼機所需的起飛空間也更少，而且可以比許多平直翼飛機爬升得更陡。

去年（一九三一年），「國家航空協會」頒發「科利爾獎」（Collier Trophy）給美國旋翼機製造商的場合上，飛行員吉姆・瑞（Jim Ray）將一架旋翼機降落在白宮南邊草坪，充分展現了旋翼機在小空間內降落的能力；但大多數人並不知道那其實是一次頗具歷史意義的場合。很少人知道（至少我看到的媒體報導都沒

一九三一年「皮特凱恩」（Pitcairn）自轉旋翼機降落和起飛

出現）二十年前有架飛機曾在同一個位置降落。一九一一年年七月十四日，美國飛行先驅阿特伍德（Harry N. Atwood）駕駛一架三十匹馬力的伯吉斯—萊特（Burgess-Wright）雙翼機飛入白宮草坪，由塔夫特總統（William Howard Taft）頒給他一面「華盛頓飛行協會」（Aero Club of Washington）的獎章。

在缺乏大型機場的地方，旋翼機應該可以用做運動飛行機。只要一片平坦草坪或大型後院就可以提供一般旋翼機的起飛和降落。同樣地，它們也可以用做擁擠城市地區的接駁飛行器，特別是在土地昂貴的地區，航空站的位置距離商業中心很遠。乘客經由等候的計程旋翼機轉運，送到距離目的地更近的地點。順道一提，每次只要一討論到城區內降落的問題，就會有人提出在建築物屋頂降落的可能性。有趣的是，尋找充足的空間並不是最大的問題；真正的問題是高樓街道之間的氣流，對於各式飛行器的降落都可能有不利的影響，不論是汽船、飛機或旋翼機皆然。

雖然我把旋翼機和傳統飛機分開來談，但並不希望讀者以為旋翼機因為沒有

一九一一年「伯吉斯－萊特」雙翼機降落和起飛

明顯的翅膀而不是飛機。這種說法不是絕對正確的。每個人都知道，謝瓦爾的心血結晶是駕駛上方有四個槳翼在旋轉。當這些槳翼的旋轉速度快到足以起飛（每分鐘超過一百次），它們就會形成一種圓形機翼。因此旋翼機不是像大多數飛機以四方形的平面被抬起，而是像一片大的圓形派起飛。在旋轉機翼下方有尖端往上翻的小型翼，但對於支撐機身在空中的重量幫助不大。它的主要功用是提供穩定性並支撐副翼。當然，旋翼機的原理不止於我所描述的這麼簡單，但以這種方式來看，這種飛行器看起來可能就不像表面上那麼怪異了。

現在告訴你們我的第一次旋翼機飛行，那是在一個晴朗的春天，靠近費城的地方。

吉姆．瑞是是一家旋翼機公司的副總裁兼首席測試飛行員，他載我在機場上方繞了十五到二十分鐘。他做了幾次降落，然後終於讓旋翼機停了下來。

「好了，換妳飛吧！」他爬出機艙說。

「你不在旁邊指導我嗎？我才搭了這種飛行器幾分鐘而已。」我直接問。「沒問題，」他微笑向我保證：「妳可以飛，只要記住我告訴妳的所有事。」

他告訴我的所有事！我努力回憶他說的任何事，才明白他要我在沒有嘗試過降落或起飛的情況下單獨駕駛。

我看著頭頂上的旋轉翼和前方儀表板上的陌生裝置，感覺就和十一年前第一次單獨飛行時一模一樣。

吉姆．瑞站在旋翼機旁，解開了他的降落傘。

「我會在那裡等妳，」他指著降落跑道上的一座小丘。

「就像我的第一個教官說的話一樣，」我心裡這樣想著，也懷疑他的話是否符合目前的情況。因為我又變成了菜鳥，懷抱著飛行新手所有的不安心情。

吉姆．瑞的旋翼機飛行時數無人能敵。除了旋翼機的發明者，他比其他人都清楚它的習性，也難怪在他的面前我覺得很緊張！

回想起我駕駛旋翼機升空的那一刻，我現在也無法形容是我駕駛它，還是它駕駛我。我只知道在發現到「我們」已經起飛之前，突然間我已經俯視著樹梢，快樂地滑翔在鄉間道路上方。

沒多久，我就習慣了旋翼機的特性，瞭解到它與平常飛機操作的差異；當我準備第一次飛行時我就發現了這一點。我也發現飛行員若想施展旋翼機的所有能力，還有很多技巧必須學習。因為有經驗的專家可以讓旋翼機做出看似容易、但新手根本不可能模仿的特技，這是任何活動的不變真理。

在幾次駕駛旋翼機飛行數小時後，我有一次嘗試高空飛行的機會。沒有人準確知道旋翼機可以飛得多高，所以有人建議我一次攀爬一段，直到旋翼機無法再升高。飛機的「飛行高度極限」和速度一樣，都只是性能數據。汽車、汽船和飛機製造商都仰賴實際的示範來檢查理論上的估算數據。

雖然飛行測試本身很簡單，任何的正式測試都需要比一般的想像有更多準備。舉例來說，測試人員必須通知華盛頓的「國家飛航協會」來裝設測量器。這項儀器可以記錄高度，也可以顯示飛行所耗費的時間。測量器必須密封，並小心地懸吊在駕駛艙內的塑膠防震帶上。使用過後，「美國標準局」（United States

Bureau of Standards）就會記錄它的數據，這樣就可以確定實際飛行高度。

為了這次正式測試，除了測量器，我還帶了一個氧氣瓶。超越一萬六千呎（約四千九百公尺）高空後，如果飛行員停留半空中很長時間或飛得更高，應該隨時準備好氧氣瓶。後來發現我飛到一萬八千一百四十五呎（約五千五百三十公尺）高空，但肺似乎可以不需要任何幫助，仍然照樣運作。我想以當時的高度，氣溫應該約在零度左右，但厚重的飛行裝備、靴子和手套使我不覺得寒冷。

天氣晴朗時飛得越高，視野也更好。距離開始縮小，相隔好幾哩的城鎮看起來就像是「圖納維爾電車」[1]路線上的各站。說不定在未來，空中觀光旅遊可以安排乘客不但從一個地方到另一個地方，還可以到不同的「高度」。

1 編註：圖納維爾電車（Toonerville Trolley）出自二十世紀初《芝加哥郵報》（*Chicago Post*）的連載卡通《圖納維爾人》（*Toonerville Folks*）。

從一萬呎高空看美國首都
（和附近二十五座城市）
售價二十五分

從二萬呎高空看美國首都
（和附近一百座城市）
售價五十分

嗯，我希望乘客和我在高空飛行時一樣喜歡這樣的景色。

在高空飛行後不久，我開始嘗試駕駛旋翼機飛越美國。這當然是商業性飛行，因為我在油箱上為「比奇納特包裝公司」（Beech-Nut Packing Company）掛了一面大標語。到目前為止，旋翼機最實際的用途多半是提供各式商業廣告。要想在大批民眾面前展現註冊商標，空中看板和地面看板一樣深具效果。

愛蜜莉亞・艾爾哈特和她的「飛行廣告牌」

但我做這趟飛行的個人原因，是為了測試旋翼機在各種天候下的長途飛行能力。我希望知道它有哪些能力，以及未來的可能性。

我由旋翼機從未嘗試過的北方空郵路線飛到太平洋岸。抵達加州奧克蘭（Oakland）時，我是第二位駕駛旋翼機抵達西岸的人。後來我從洛杉磯回航，但可惜並未抵達目的地。我在德州遇到了一場意外，使那架可靠的旋翼機受到很大的損害。

不巧，兩天後我必須到達一座中西部城市，與那架旋翼機一起出席聚會。一位慷慨的飛行員殘忍地奴役另一架旋翼機快馬加鞭從德州趕來，我才能及時到會場做預定的表演。之後，我駕駛另一架旋翼機往東，而那位飛行員看著我的破損旋翼機裝箱，送去工廠修理。

雖然我不喜歡任何的意外，但有時候也有些收穫。就以這次事件來說，我學到了很多事，對於這種新型飛機全是很寶貴的經驗。

說到一般的飛機意外，我必須補充，輿論經常將每次意外怪罪到女性飛行員身上。不論她們完成某個任務，打破了什麼「紀錄」，比起墜機的新聞頭條都顯得小巫見大巫。也許最不幸的結果，就是這類輿論對意外的強調，有時候直接影響了飛行工作的機會。曾有一位製造商告訴我，他沒辦法冒險雇用女性飛行員，因為報紙大幅報導女性飛行員的意外，就算是很小的意外也一樣。

「男飛行員可以損壞一架飛機，但報紙隻字未提，」他解釋道：「但如果女飛行員絆倒了，可就不得了了。我可不希望自家產品是因為墜機或是迫降而被宣傳出去。但可別誤會我的意思，」他趕緊補充：「我可不是說女人比男人更容易出意外。」

《時代》雜誌（*Time*）就刊登刻薄且不精準的報導，以「第一次旋翼機意外」的標語形容我在德州的插曲（如果我沒記錯）。

情況就是如此。

女人和意外的關係還有一點必須提到，就是每個人都應該明白與女性有關的意外傷亡數目勢必會增加。我的意思並非意外與飛行員的數目比例會增加，而是隨著越來越多女性進入飛行界，意外事件的數目勢必會增加。

男女飛行員之間的意外比例究竟是多少，或者未來會是多少，我不知道。可能有某些原因才會提到女性因為缺乏經驗而出現較多意外，比較可能的是飛行狀況與幾年前已經有些改變。從前老經驗的男飛行員學習飛行時飛機非常少，隨著飛機的改良和速度變快，飛行員的形式也漸漸演變，開始變成互相學習。

現在的環境已經大不相同了，任何有錢買一架競技飛機的人，就可以駕駛（或嘗試駕駛）它。學習駕駛飛機已不需要累積經驗的長期過程，只要有基本常識做為安全保障。因為沒有充分的寶貴經驗，我認為女性比男性更容易挑戰超出能力的事（這個說法也可能適用在飛行以外的領域）。

換句話說，汽車發生的情況，勢必也會發生在飛機上。路上越來越多汽車，代表越來越多交通意外，但其實未必**成正比**。越來越多女性駕駛，帶來更多的女性駕駛意外，但其實未必**成正比**。

再思考一件事。發生在女性飛行員身上的意外事件，並不比發生在男飛行員身上來得嚴重。女性飛行員從未同意輿論將太過情緒化的評價加諸在自己的生命上。我相信她們會覺得能和男人一樣，安靜地承受自己的不幸。

關於旋翼機還有幾件事要說明。我常被問到未來是否可能出現其他的機種。答案是肯定的，大型運輸機是可能出現的，還有小型的快速單人機。所有機型都有可能。

對我來說，不論旋翼機是否會成為一般航空活動的一分子，它在特定狀況下可盤旋半空中的這項技能，將會用在特別的工作上，說不定可能特別適用在空中攝影方面，當然也可能適合很多特殊用途。事實上，旋翼機一如許多新發明，未來的可能無限，我計畫幾百年後回到地面上看看它的成就。

第十一章　女性在航空界

不久前，我曾應某婦女團體的邀請，以「女性在商務航空界的就業機會」為題發表演說。在演說中，我竭盡所能呈現真相，結束後，該社團負責人對我說：「妳讓我的夢想都幻滅了，在此之前我還以為女性想在航空界做事，只要開口就成了。」

在討論這個話題前，有兩個觀念必須釐清。首先，真正的飛行必須與航空界其他類型的工作分開討論；另外，所謂的航空界，其實包含任何與飛機扯得上關係的企業，例如精密儀器的製造等。但可悲的是，如此龐大的就業市場，女性雇員的數量卻少得可憐，根據美國商務部勞工局的統計，航空界男女雇員的比例約為四十四比一，有些企業的員工甚至清一色是男性，而在聘有女性員工的公司中，女性薪資僅是男性的二分之一。

航空界的女性員工絕大多數屬於機翼部門，工作是縫製覆蓋機翼的布套，少數擔任引擎飛機的焊工或檢修員。位於費城的「海軍飛機工廠」（Naval Aircraft Factory），也雇用了數名女性員工，當年「希南度」（Shenandoah）和「亞克倫」

（Akron）兩艘飛船的製造過程，包括氣囊的製造和所需的牛腸膜材料處理，也有女性參與。有些工廠也設置了女性擔綱的專職，這方面當然是要藉助某些女性的特殊才能，另一方面則是因為這些職位並不影響男性的就業機會。

飛機製造業中，以生產橡膠、石油和儀器相關產品的公司為例，婦女的確在某些需要女性長才的工作上找到出路，寄生於航空業的降落傘製造業中的女性員工，也幾乎毫無例外的全被安排在裁剪、縫製等女性擅長的部門，成品的包裝工作則清一色由男性包辦。

除了工廠，女性也可考慮文書工作。與其他行業一樣，航空業也將大部分的文書工作界定為「女性的工作」，舉凡與檔案和速記相關或類似的職務，都交由女性擔任。但雖為文書工作，這些女性的工作地點卻不一定位於市區，她們的辦公室經常緊鄰機場或試飛場，有些甚至位於機場或試飛場內，也因此她們經常有機會目睹實際的飛行活動。

許多人一談到航空業，就只想到飛行員，其實在飛機升空之前，必須靠不計其數的地面人員先將飛機製造出來，之後更需仰賴辛苦的維修人員對飛機進行保養，才能確保安全。隨著空中交通需求的與日遽增，除了飛行員的需求量大增，受過訓練的地面指揮人員、售票員、會計人員，以及維修人員的數量也必須隨之擴充，如此才能維持美國龐大空中交通網的通行無阻。無論是擔任飛機升空前的地面工作，或是工廠的女工，或身為主管，女性都在自己的工作崗位上克盡職守，可惜的是，她們的工作卻很難突破文書工作的天花板。

在所有固定時間由特定機場起飛到特定機場降落的商務飛機駕駛艙內，你見不到女性飛行員的身影，但以飛行為業的女性卻不乏其人。她們當中有的賣飛機，有的運送飛機至國內各個基地，有的載送旅客、教授飛行技巧，也有的受雇於某些公司的行銷部門，替公司駕駛飛機做廣告宣傳，或接送公司內部高級主管往返美國各地。

也有不少值得一提女性擔任航空界特殊職位的例子，例如：擁有機場或身兼管理機場重責大任的女性就有好幾位；本人或與其先生共同經營飛行學校的有數位；機場地面指揮部門也有女性分別擔任不同等級的重要職位；更有一位負責客機內部的裝潢設計；美國商務部的航空部門，也有兩位女性擔任醫學檢驗員。

另外，與航空有關的期刊，也不乏有女性參與編輯，其中有一位負責專文撰寫，一位擔任助理編輯，其他則是負責撰稿，提供業者及相關人士參考。廣告文宣的撰寫者也有一、兩位是女性，另外透過廣告與航空扯上關係的女性當然就更多了，其中有位女藝術家，專門設計飛機廣告和宣傳品，其能力與對精確度的掌握可說少有人能出其右。有兩家航空公司更聘請女空服員，在寬敞的座艙內為旅客服務；美國境內有幾位旅行社的女性主管更是大家耳熟能詳的人物，這些旅行社現在多已兼營機票販售的業務，一間由女性經營的旅行社更是完全以空中旅客為服務的對象。

在航空界工作的女性人口雖有增加的趨勢，其所擔任的職務也逐漸多元化，但我們不得不承認，在某些特定領域中，對女性卻仍存有相當程度的偏見和歧視，或許這也是其他行業普遍存在的現象罷了！在此，我不想鉅細靡遺多作解釋，僅就讀者較感興趣的實際飛行狀況提出說明，包括飛行技巧訓練、實際演練和傳統觀念三部分。

人類進行飛行活動的初期，少有女性能獲得與男性同等的訓練機會，當時最好的飛行學校是陸軍和空軍，女性要藉此管道獲得飛行的訓練，根本是妄想。民間的飛行訓練機構，顯然並不歡迎女性學員，這樣的態度直到最近才稍有改善，而這些機構似乎不太在乎能否提供學員足夠的飛行訓練。

我一直認為，美國男女孩所受的教育方式有著天壤之別，從入學之初，他們所學的科目就有所區隔。舉例來說，男孩通常要上工藝課，女孩則被迫學習縫紉與烹飪等技能，孩子本身並沒有選擇的權力。我相信有許多男孩子其實有烹飪天賦，相反的，也有許多女孩並不善於料理家務，她們寧可動手敲敲打打，但可悲的是，孩子的天賦才能根本未受重視，所謂的教育就是根據性別做定位，將男孩、女孩分別趕入各自所屬的小框框裡。

同樣的性別區隔在學校教育外也隨處可見。在家裡，男孩與女孩經常遵照傳統對性別的規範來從事各自的活動，不僅如此，大人對於教導男孩、女孩做事的方式也有截然不同的態度：小女孩經常受到如盾牌般的保護，有時更會獲得不必要的幫忙，這讓她們完全喪失做事的動力，而逐漸相信加諸於她們身上的標記，諸如「女孩子不能做」、「女孩子做不到」等，而這些標記也預先替她們鋪好未來要走的路。英國哲學家羅素（Bertrand Russell）的夫人曾說女人的怯懦是由教養而來，真是一針見血。

如此不同的教養環境下調教出來的男孩和女孩，隨著年紀的增長，學習背景的差異自然越來越大，在這種情況下，即使往後他們修習同一門課程，似乎有必要以不同的教學方式來分別教授。舉例來說，舉凡牽涉到機械的課程，以女孩為對象的教學必然要多費唇舌加以解釋，這並非因為女性天生對機械一竅不通，而是環境與教育下的必然結果，這個社會對女性所提供的教養環境，造成她們在該領域的學習遠不如男性。

這個道理反過來也解釋得通。有一回，我參觀一堂烹飪課的上課情形，老師面對一群男孩，一開始採取的教學方式，與以女孩為教學對象的方式並無二致，但很快她便發現，這些學生根本聽不懂她在說什麼，這時她開始懷疑，男性是否天生對烹飪就不在行，連像白煮蛋這種簡單的入門菜都學不來。幸好這名老師很能隨機應變，很快發現問題的癥結所在：這些男孩連洗碗要用洗碗精都不知道，遑論烤箱要先預熱的道理了，許多小女孩入學前就懂的基本常識，他們根本連聽都沒聽過。

因此，她不厭其煩從入門常識開始解釋，這堂「烤派」的課也才得以順利完成。同樣的道理，若飛行課程能針對女孩的學習背景加以修正調整，女性學員的獲益必然更多。

女性在學習飛行所遭遇的困難，並不僅止於訓練課程一項，經濟問題也是一大阻礙。在我們的社會中，女性賺的錢遠遠不及男性，尤其在機場附近，女性打工的機會更是少之又少，但她們必須負擔與男性學員同等的學費。沒人願意雇用女性在飛機棚裡擔任黑手的工作，而男性學員多少都可藉由這類零工補貼學費支出。即使拿到執照後，女性也因為工作機會的限制，而在決定是否以飛行為業之前，猶豫不決。

飛機本身的設計，也為女性飛行員帶來種種不便。例如，啟動和煞車的裝置，顯然是以符合男性手腳的長度來設計，這對身材相對矮小的女性飛行員而言，雖不至於造成困難，畢竟相當不便，有些特別嬌小的女性飛行員，甚至必須自備枕頭塞在駕駛艙內，才稍覺舒適。

女性飛行員面臨的阻礙還不只如此，最糟糕的恐怕還是傳統加諸於女性的束縛，令她們不敢嘗試新的飛行技巧，也無法在飛行過程中全力以赴。傳統觀念也使男性不樂於承認女性的能力，迫使她們必須做出一些愚蠢可笑的舉動，來證明自己的能力。

目前全美領有飛行執照的女性飛行員共四百七十二位，這當中有五十位持有最頂級的運輸駕照。相較於一九二九年的十二位合格女性飛行員，四百七十二似乎是相當多的數字，但根據一九三一年十月的統計，當時的一萬七千二百二十六名合格飛行員中，男女比例約三十七比一，相差十分懸殊。若以就業機會的角度來看，似乎只有運輸駕照可望在商務航空業中找到工作，但可悲的是，五十名領有該執照的女性飛行員，想在這個僧多粥少的市場中尋求出路，機會卻也是微乎其微。

以上所列舉的數字的確令人失望，但美國女性飛行員的數目畢竟還是高居全球之冠，其在商業飛行市場所占的職缺，更是他國所望塵莫及的；另外，她們似乎也比世界其他地區的女性飛行員更為活躍。美國國內不僅有女性飛行員的飛行競賽，最近她們更自行舉辦數場飛行運動會。

在飛行組織方面，除了對飛行有興趣的女性所組的團體以外，也有女性飛行員專屬的社團，其中歷史最悠久的要算「九十九人」（Ninety-Nines），這是任何領有「商務部」飛行執照的女性飛行員都可加入的社團；另一個名為「貝特西．羅斯戰鬥社」（Betsy Ross Corps）的組織，其成立的目的是挑選優秀的女性飛行員加以訓練，讓她們在國家有需要時提供協助；「加州女性飛行員後備隊」

（Women's Air Reserve of California）也是專為女性飛行員成立的社團。「全美女性航空協會」（Women's National Aeronautic Association）則是非專業的女性社團，分會遍布美國各州，該社團在許多機場內設立住宿中心，專為搭機的女性乘客或女性飛行員提供舒適住宿空間，因此備受讚揚。

但這類的住宿環境依然不足，許多機場還是忽略女性需求，有時我寧可繞路多飛一百六十公里，降落在如俄亥俄州阿克倫（Akron）這樣的機場，享受「全美女性航空協會」在飛行員休息室提供的設備，從粉撲到沖澡設備，應有盡有。一般而言，機場若能提供旅客與飛行員周到的服務，其對飛機本身的維護也會相對嚴謹。

在談論「女性與飛行」這個話題時，我們也必須談到，女性在如願取得飛機駕照之前，如何替自己爭取圓夢的機會。

她們的故事不盡相同，不過一般而言，在航空界工作的女性比較有出線的機會，因為身在航空界，哪怕工作性質與飛行僅沾得上一點邊，她們就可能比一般女性更有嘗試飛行的動機；其實，身旁的人不將飛行視為怪事，就是一股無形的助力。來自達拉斯（Dallas）的珍・拉內尼（Jean La Rene），在美國南部各州名氣相當響亮，她因擔任某個飛行學校的祕書，獲得不少飛行機會，可說是女性在航空界因職務之便取得飛行機會的實例。

另有不少女性飛行員，在不同的職場上賺取飛行學費，從房地產業到演藝界，從教師到記帳員、速記員等。我認識一位女孩，就是靠著餐廳侍者的工作賺取學費，才得以順利考取駕照，另一位則是在獎學金的支助下，拿到私人飛行執照，還有一位更是成功說服故鄉企業界人士出錢讓她接受飛行訓練，報界記者利用文筆賺取學費的例子也不只一例。

這些名氣響亮的女性飛行員，個個膽識過人，其中一位是薇歐拉・珍特里（Viola Gentry）。她在踏入飛行界之前，於布魯克林一家自助餐廳擔任出納員，將工作存下來的錢拿來付學費，並順利取得飛機駕照。之後，她與另一位飛行員共同投入一項空中加油的飛行計畫，不幸飛機失事墜毀，雖然出事原因與她本身無關，她卻因此身受重傷，足足花了數個月才得以康復回到工作崗位，要想重新取得飛行員的資格，她恐怕得等上更久。

芭比．特勞德（Bobby Trout）是女性空中加油的紀錄保持人之一，她之所以有今日成就，也是辛苦工作得來的，她目前在加州經營一家電器維修站。

有些女孩會選擇嫁給飛行教練，藉此獲得令人羨慕的飛行訓練，不過我認為，除非對方有其他的魅力，否則光想利用對方的職務來獲得好處，並非是明智之舉。

我沒聽過女性飛行員訓練夫婿飛行的例子，但是來自維吉尼亞州林奇堡（Lynchburg）的瑪麗．亞歷山大（Mary Alexander）則因教導其十九歲的兒子飛行而聲名大噪，我主張應該頒給她一個特別教練獎。同時，在她兒子升格當父親之後，瑪麗．亞歷山大頓時成為年輕的祖母級飛行員。另一位祖母級飛行員是身為採礦工程師之妻的瑪麗．貝恩（Mary Bain）。

有些女性雖然沒有穩定的工作收入，卻決心在飛行界闖出一片天，她們必須從零用錢或家庭開銷中省出錢來，為自己爭取學習飛行機會。我認識一個女孩，她將父親給她治裝的錢，一大半拿來做為飛行的開銷，父親原本希望女兒能打扮得漂漂亮亮，但看著只願意穿飛行裝的寶貝女兒，做父親的也只能搖頭嘆息。

若非有家庭贊助，想一圓飛行夢的人，就必須靠自己的本事賺取學費，光這點就已經困難重重，但更大的問題卻是如何在取得執照之後，持續獲得飛行機會。姑且不論昂貴的飛機租金這個問題，一個新手要說服別人將飛機租給他，簡直比登天還難，遑論花錢雇用他。你會捨得將自己閃亮的寶貝新車借給剛學會開車的人嗎？你會雇用新手當司機嗎？我是不願意的。對於任何擁有飛機的人，或是航空公司的負責人，或是飛機製造商而言，這種不捨的心情可是比上述你我的心情強上百倍。

在這一方面，桃樂絲．海斯特（Dorothy Hester）可說是幸運兒。當初教她特技飛行的教練是來自波特蘭的泰克斯．藍欽（Tex Rankin），教練發現她在這方面有過人天賦，便開始與她合作，現在兩人經常在飛行比賽中搭檔演出，海斯特的表演技巧也在一次次磨練中，鍛鍊地益加完美純熟。

在飛行技巧上努力鑽研的人，絕對不只那些以飛行為業的人，事實上，有些傑出的女性飛行員是業餘的飛行高手，其中來自紐約的貝蒂・惠勒・吉利斯（Betty Huyler Gillies）可說是最佳例子。她的丈夫是位退役的海軍飛行員，在一家飛機製造廠擔任總工程師，如今夫妻倆擁有各自的飛機。

曾在一九三一年的「高空飛行賽」（Aerol Trophy Race）中脫穎而出的茉德・泰德（Maude Tait），雖是飛行界的新手，其飛行技巧卻已相當純熟。另外，來自加州的芙羅倫斯・班尼斯（Florence Barnes），則是結合飛行與其他行業的例子，她算是特技飛行家，但有時也會承接特殊任務，比如她曾在電影《地獄天使》（*Hell's Angels*）中客串演出部分飛行鏡頭。

從以上幾位現代女性飛行員的故事中，我們不難看出，幾乎每位渴望飛上青天的女性，最後皆能排除萬難，達成願望。我認識一對年輕夫妻檔飛行員就是憑藉這樣的熱誠，最後才能成功，其中的女性飛行員曾向我透露，當初她的家人曾強烈反對她走上飛行員一途，因為他們認為，她不可能靠開飛機來養活自己。

當時，她望著一架有著大座艙罩的飛機對我說：「我和先生在創業之初，一無所有，我們白手起家，如今擁有這架屬於自己的飛機，不但可以用來教人飛行，還可提供包租服務。」

「我們可以在任何時間、帶任何人、到任何地方去。」她的先生信心滿滿地這麼說。

「夫妻倆一起遨翔天際，一定很愉快。」我說。

她的回答是：「沒錯，大部分時候是很愉快。當然，有時難免會覺得生活有點辛苦。但即使有人拿豐足的生活要和我交換飛翔的機會，我寧可選擇過可以遨翔天際的苦日子。」

第十二章　航向藍天

史上首次為女性飛行員舉辦的比賽，是一九二九年的橫越美國飛行賽，比賽時間長達八天，參賽者從美國西岸出發，終點站是俄亥俄州的克里夫蘭。

一九二九年八月十八日星期天下午，整齊排列在加州聖塔莫尼卡（Santa Monica）克羅維機場（Clover Field）的十九架飛機同時啟動螺旋槳，擴音器裡傳來美國明星威爾．羅傑斯（Will Rogers）輕鬆幽默的演說，為比賽揭開序幕。參賽者到達第一站之前，新聞記者已爭相取法羅傑斯，為活動創造新詞，結果該比賽成了「粉撲飛行大賽」，參賽者成了「瓢蟲」、「天使」或「空中的甜心」（一直到現在，我們還持續努力為自己正名）。

無論任何比賽，堅持到最後是所有參賽者的目標。這場比賽中，總共有十六位參賽者通過終點白線，完成比賽，此一「參賽者完成率」刷新了包括男性在內所有橫越美國飛行賽的紀錄。

比賽結果，第一名由來自匹茲堡的露易絲．塔登（Louise Thaden）獲得，來自加州的葛蕾蒂．歐達尼爾（Gladys O'Donnell）和我分居二、三名。這場史無

露易絲·塔登

前例的比賽在當時引起社會極大關注，並且大大提升女性對飛行的興趣，在主辦單位事先規畫的中途站中，前來替參賽者加油的群眾絕大多數是女性，她們最感興趣的，是這些撲著粉的女性飛行員長什麼模樣，她們也想知道，這些女性飛行員開什麼樣的飛機。有些前來加油的女性觀眾，甚至於好奇到用雨傘戳弄覆蓋在機翼上的布套，想看看裡頭是什麼。自此，我便堅信，女性之所以對飛行存有猶豫之心，純粹是因為她們對飛行一無所知，人們對於不瞭解的事物，通常會心存畏懼。

比賽過程中，趣味橫生，但是也發生了不少嚴重的意外。布蘭琪・諾依絲（Blanche Noyes）在空中發現火苗從行李艙竄出，只好迫降在德州西部的一處牧豆樹林中；沒人知道她如何能在絲毫不損害機身的情況下，安全降落並將火撲滅，然後再安然起飛。

有幾位經驗不足的參賽者曾在中途迷失方向，也有的因燃料不足或機械故障不得不迫降，在這種情形下，她們當然會尋覓最適合的降落地點，而平坦的大草原無疑是最好的選擇。有一天，某位參賽者因不明原因必須迫降，但偏偏她能找到最適合的草原有動物遊蕩其間，最後她還是安全降落，只是這些動物隨即虎視眈眈向她逼近，嚇得她直冒冷汗。她說自己當場禱告：「老天爺，把這些野獸都變成牛吧！」

談到牛，我想到一個在空郵業廣為人知的小故事。丁・史密斯（Dean Smith）連續多年負責空運從紐約到克里夫蘭的郵件，他有次因機件故障，試圖找尋適合迫降的草原，只是很不幸被草原上的「動物」阻擋去路，不願讓開，他的飛機在著陸時正面撞上一頭牛。事後他發給主管一封電報，大意如下：「機件故障，只好迫降，撞倒牛隻，牛隻死亡，嚇死我了。」

回到一九二九年的賽事，有一點必須提出來說明。這個比賽是由「全美交流俱樂部」（National Exchange Clubs）籌畫舉辦，全部獎品也由該俱樂部出資提供，據我所知，這是全美非飛行專業社團中，對飛行活動的贊助最不遺餘力的一個社團。

前述比賽中，有資格參賽的女性飛行員數目，與今日相比，真有天壤之別。當年的參賽資格，除了要有合格的飛行執照，還必須有至少一百小時的單飛紀錄，在當時要同時具備這兩項資格的女性，全美恐怕不會超過三十位，結果，報名人數有二十人。

當年，領有商務部核發的運輸執照的女性僅七位，其中有六位參與當年的比賽，迄今這個數目已超過七倍之多。另外，有高達四百五十位女性領有私人或小型商用飛行執照，十二位領有滑翔機執照，以及五位技師執照。

一九三一年在克里夫蘭舉行的「全美飛行大賽」（National Air Races），雖然距首次女性飛行員競賽僅兩年的時間，參賽的女性人數卻已不可同日而語，而這也是首次男女共同參賽的跨美飛行賽。這次比賽中，總共有五十名參賽者因其飛機的最高時速高於其他參賽者，依規定必須延後出發。

相較於英國，美國所舉辦的飛行賽，鮮少有混合多種機型參賽的情形，他們不喜歡設計有飛機延後出發的賽程。分級比賽幾乎全都以飛機的引擎大小做為分級的標準，也因此，六人座的罩式飛機與僅供飛行員一人乘坐的競技飛機屬同一級，因為兩者的引擎排氣量是相同的。

但是在英國，幾乎所有的飛行賽都不考慮飛機的引擎大小，僅設計讓時速較快的飛機延後出發，好讓時速較慢的飛機也有得勝的機會，因此，除非碰上意外，飛行技巧便成為獲勝關鍵。知名的年度跨英「國王杯飛行賽」（The King's Cup Race）便是以這種方式來設計賽程，讓男女皆可參賽，維妮芙瑞・布朗（Winifred Brown）曾在一九三〇年參賽並獲獎，是唯一曾在該比賽中得勝的女性飛行員。

一九三一年的飛行賽，其飛行路線和中途站與先前的比賽完全一樣，裁判也大同小異，唯一不同的是，獎項分男女兩組分別頒發；另外，不分男女，得到最高分的飛行員可獨得一項獎金高達二千五百美元的特別獎，加上一部全新轎車，該獎項最後由來自田納西州曼菲斯（Memphis）的女性飛行員菲比・奧姆利（Phoebe Omlie）獲得。值得一提的是，奧姆利女士曾在多項閉道飛行賽中贏得數千美元的獎金，她同時也是所有參賽的女性飛行員中，獲獎紀錄最輝煌的一位。在該次比賽中，其他獲獎的女性包括梅・海茲利普（May Haizlip）、茱德・泰德、葛蕾蒂・歐達尼爾，以及芙羅倫斯・克林根史密斯（Florence Klingensmith）。

男性飛行比賽中，有一個極有看頭的比賽，就是知名的「湯普森競速賽」（Thompson Trophy Event），這個陸上飛機賽事的重要程度可與水上飛機的「史耐德盃」（Schneider Cup）相比擬，稱它為空中競速的年度重頭戲，一點也不為過。

為女性舉辦的同類型閉道飛行競速賽則稱為「高空飛行賽」。在一九三一年的比賽中，參賽者必須依循四個指標，在空中繞行一個總長為十六公里的飛行道五圈，總飛行距離八十公里，終點指標就設在看台正前方，另外三個指標則是用來標示飛行道的範圍。

此次比賽的冠軍由茱德・泰德獲得，她駕駛自己的「基比」（Gee Bee）競技飛機，以三百公里的時速獲此殊榮。值得一提的是，她這次的成績與前一年「湯普森競速賽」由男飛行員所締造的最高時速，相差不到二十五公里，這代表：優秀的女性飛行員，只要給予適當機會和裝備，其表現幾可直逼男性競爭者。

一九三一年的「全美飛行大賽」中，男女依照往例分賽，但同年在美國舉辦的其他各類飛行比賽中，男女混賽的情況卻有增加的趨勢。在社會對女性的偏見逐漸消除後，相信在不久的將來，女性飛行員也能在重要的競速賽中，與男飛行員一較長短。

儘管女性在飛行上，必須克服諸如傳統、訓練和經驗不足等障礙，但就美國商務部核發飛行執照的相關規定而言，女性卻與男性擁有同等報考的權力，這一點，美國女性的確比其他國家的女性還要幸運。就我所知，有些國家發給女性的飛行執照有名額限制，有些則根本禁止女性考照，唯一例外的是英國，該國的考照規定依循美國的標準制訂，即任何人，不論男女，只要通過體能和飛行測驗，即依資格核發飛行執照。

掌管全球飛行競賽的組織稱為「國際航空聯盟」（Fédération Aéronautique Internationale），該組織同時負責各項飛行紀錄的保存工作。在美國，該組織的執行單位為「國家航空協會」，任何飛行員，除非經過該組織的批准，不得做官方的飛行測驗，包括高度、速度和距離等各項測驗，任何企圖打破紀錄的飛行，都必須在該組織的監測下進行。

「國際航空聯盟」在二十五年前成立之初，飛行競賽只有一個項目，在當時，沒人能預見飛機在速度、高度或持久度所能達到的極限。一九〇五年時，飛行員可說少之又少，分項競賽根本沒必要；不過，到了一次世界大戰期間，飛機和飛行員的數量突然暴增，之前認為不可能達到的紀錄，都一一被締造出來。但如前所述，女性直到一九二九年才開始積極參與，在這種情形下，女性飛行員的技術當然未能達到世界紀錄的水準，無論哪一個項目，在經驗和設備都不足的情況下，她們根本無法締造令世人刮目相看的成績。因此，儘管她們在飛行比賽中，與男飛行員同樣受到嚴格的評分，但男飛行員在「國際航空聯盟」年鑑中不斷創造新的紀錄，女性飛行員的一切努力卻只能被列為非官方紀錄。

我們不禁要問：「為何瑪麗・史密斯數千呎高的飛行紀錄不能列為官方紀

錄？這明明是女性飛行員中的最高紀錄，不是嗎？」

我們所得到的答覆是：「這麼說是沒錯，但這個紀錄並未超越男性所締造的，我們的世界紀錄不區分男女，因此只有在打破原有的官方紀錄才能算數。」

在數位女性飛行員不斷積極爭取後，女性的分項紀錄才得以列入官方紀錄。自此，女性也可在高度、速度和距離各方面，締造屬於女性的官方紀錄；若她們能更進一步打破之前由男飛行員保持的紀錄，便可成晉升為全球紀錄保持人。

到目前為止，全球各項飛行紀錄保持人沒有一位是女性，但來自法國的瑪麗莎·巴斯蒂（Maryse Bastie），卻因連續單獨在空中飛行的時間長達三十七小時又五十五分，超越任何人曾經締造的成績，而被列為正式紀錄。但這並不算世界紀錄，因為世界紀錄中，單獨飛行與共同飛行的成績是合併計算的，在共同飛行中，飛行員可互相支援，輪替休息。這項持久性的世界紀錄保持人是美國人，時間是八十四小時又三十二分。

目前的世界紀錄共設有五個項目，分別是最高飛行高度、三公里直線飛行最快速度、最長直線飛行距離、閉道飛行空中停留最長時間，以及原地升空停留最長時間。

換句話說，在以上五個項目中，表現最好的成績即被列為世界紀錄，不分男女，也不管所用的機型為何。不過，在這些項目之外，仍然有許多其他的官方紀錄可以嘗試，這些分項紀錄並不列為「世界紀錄」（World Record），而是被稱為「國際紀錄」（International Record）。國際紀錄的項目可說琳瑯滿目，應有盡有，舉例來說，高度與速度的分項紀錄中，就分輕型飛機組和大型飛機組；在速度方面，又以空機和載重機來區分，至於載重多少以及飛行距離為何，則全由當事人自行設定。因此，在女性飛行員的紀錄保持人名單中，我們可以看到梅．海茲利普的名字，她所締造的是輕型飛機項目的高度紀錄，也就是說，在輕型飛機項目中，沒有其他女性飛行員飛得比她更高（即一萬八千零九十七呎〔約五千五百一十六公尺〕），她因此成為該國際項目的紀錄保持人。我認為這樣的分級紀錄才算合理，因為若拿海茲利普的「小公牛」（Bull Pup）和一架擁有其兩倍馬力的飛機來做比較，顯然極不公平，這也是紀錄保持必須分級的理由之一。

以下是女性在各項國際紀錄的保持人名單：

陸上飛機

● **持久度（法國）**

瑪麗莎・巴斯蒂

三十七小時五十五分

克雷姆機（Klemm）／薩姆森（Salmson）引擎馬力四十匹

一九三〇年九月二、三、四日

法國勒布爾熱（Le Bourget）

● **高度（美國）**

羅絲・尼可斯（Ruth Nichols）

二萬八千七百四十三呎（約八千七百六十一公尺）

洛克希德織女星單翼機／普惠黃蜂（Pratt and Whitney Wasp）引擎馬力四百二十四
一九三一年三月六日
紐澤西州澤西市機場（Jersey City Airport）
- **最大時速（美國）**

羅絲・尼可斯
二百一十・六三哩（約三百三十九公里）
洛克希德織女星單翼機／普惠黃蜂引擎馬力四百二十四
一九三一年四月十三日
密西根州卡勒頓（Carleton）

- **航行距離（美國）**

羅絲・尼可斯
一千九百七十七・六哩（約三千一百八十三公里）

洛克希德織女星單翼機

● **時速一百公里（美國）**

愛蜜莉亞．艾爾哈特

一百七十四．八九哩（約二百八十一公里）

洛克希德織女星單翼機／普惠黃蜂引擎馬力四百二十匹

一九三〇年六月二十五日

密西根州底特律（Detroit）

● **載重五百公斤時速一百公里（美國）**

愛蜜莉亞．艾爾哈特

一百七十一．四三哩（約二百七十六公里）

洛克希德織女星單翼機／普惠黃蜂引擎馬力四百二十匹

一九三〇年六月二十五日

密西根州底特律

● 空中加油持久度（美國）

艾維琳・特勞德（Evelyn Trout）、愛德娜・古柏（Edna May Cooper）

一百二十三小時

寇帝斯・羅賓（Curtiss Robin）單翼機／挑戰者（Challenger）引擎馬力一百七十四

一九三一年一月四至九日

加州洛杉磯

輕型飛機

● 航行距離（法國）

瑪麗莎・巴斯蒂

一千八百四十九・七六哩（約二千九百七十七公里）

克雷姆機／薩姆森引擎馬力四十四

一九三〇年六月二十八至三十日

從法國勒布爾熱加至俄羅斯尤瑞諾（Urino）

● 高度（美國）

梅・海茲利普

一萬八千零九十七呎（約五千五百一十六公尺）

布爾機（Buhl）「小牛號」／莎克力（Szekeley）引擎馬力八十五匹

一九三一年六月十三日

密西根州聖克雷爾（St. Clair）

水上飛機

● 高度（美國）

瑪麗恩・康拉得（Marion Eddy Conrad）

一萬三千四百六十一・二五呎（約四千一百零三公尺）

薩維亞—馬切提機（Savoia-Marchetti），基納（Kinner）引擎馬力一百二十五匹

一九三〇年十月二十日

長島華盛頓港（Port Washington）

這些紀錄的重要性為何不得而知，但至少女性所締造的紀錄越多，就更能顯示的確有不少女性從事飛行工作，而她們也真的飛出相當好的成績。這些紀錄也直接或間接為想要進入飛行界的女性創造更多的機會。

過去幾年，有不下十位美國女性在飛行技巧上有日益突出的表現，這些技巧，有許多是前人未曾做過的嘗試，而在這些積極活躍的女性中，的確有好幾位是真正以飛行為業的專業飛行員。

女性在飛行界逐漸嶄露頭角之際，許多有關她們個人的問題也令人好奇，例如，不斷有人問，女性飛行員都是怎麼樣的人？她們不開飛機時都在做什麼？她

們長得如何？現在我就列舉幾位，一一為大家介紹。

女性飛行員其實與其他領域的女性並無二致，她們當中有的瘦、有的胖，有的沉默寡言、有的絮絮叨叨，有的壯碩、有的嬌小，有的年輕、有的年長，有一半已婚，許多還當了媽媽。總而言之，她們全是再正常不過的女性，只是她們選擇飛行，而非高爾夫球、游泳或賽馬。

羅絲·尼可斯是女性飛行項目的紀錄保持人，在所有女性飛行員當中，她算相當積極活躍，但飛行絕不是她生活的全部。尼可斯住在紐約州的瑞伊鎮，離我家不遠，因此我經常可以看到她開車外出，她游泳、騎馬樣樣都來，所有現代女性可能從事的戶內外活動，她幾乎都有參與。她就讀衛斯理學院（Wellesley College）時，主修「聖經歷史與聖經文學」，大三時，她向院長表明想學習飛行的渴望。

「布蘭克小姐，我想學開飛機。」她說。

「開飛機？」院長顯然覺得不可置信：「我的小姐啊，院裡有好幾百名學

羅絲・尼可斯

生，處理他們開車的問題就夠我受的了，我可不想讓開飛機的問題增加我的困擾。不行，妳不能學開飛機。」

她幾乎說破了嘴，卻無法改變院長的決定，羅絲．尼可斯毅然決定休學一年，離開學校接受飛行訓練。她的教練哈里．羅傑斯上尉（Harry Rodgers）在短時間內，便安排她到長島的華盛頓港，以水上飛機練習單飛；不久，她就與教練一同駕機從紐約飛到邁阿密，花了十二個小時，這也是她的首次不落地飛行。

她之後回學校復學，畢業後擔任「紐約市銀行」（National City Bank of New York）婦女部主管的助理，開啟了她的企業生涯，不久，她隨即成為一家大型飛行公司的首位女性主任。

一九二八年，尼可斯小姐替「飛行鄉村俱樂部」（Aviation Country Clubs）做了一個非常重要的示範飛行。該組織是由一群業餘飛行員出面促成，他們主張鄉村俱樂部應該包含飛行的項目，第一個該類型的俱樂部成立於長島的希克斯維爾（Hicksville）。尼可斯是應該組織的邀請，在另一架飛機的陪同下，做了全長一萬二千哩（約一萬九千三百一十二公里）的單飛，這趟長途飛行涵蓋了美國本土四十八個州，她總共在九十六個城市降落，途中沒有任何迫降紀錄。

一九二九年舉辦的知名橫越美國飛行賽，尼可斯也名列參賽者之列，自此，她便開始締造她個人一連串了不起的飛行紀錄。直至目前為止，在女性的單飛項目中，她囊括了包括高度、速度和直線距離的最佳官方紀錄保持者的佳績。一九三一年三月六日，她以二萬七千七百四十呎（約八千四百五十五公尺）的飛行高度，打破了艾莉諾・史密斯（Elinor Smith）所保持的官方紀錄；同年四月，她駕駛自己的黃蜂式引擎洛克希德機，在密西根州的卡勒頓，以時速二百一十哩（約三百三十八公里）的速度，打破我在前一年締造的時速一百八十一哩（約二百九十一公里）的紀錄；同年十月，她從加州出發，挑戰直飛紐約的不落地飛行，結果她在肯德基州路易維爾（Louisville）降落，總飛行距離達一千九百七十七哩（約三千一百八十二公里），締造了女性不落地飛行的最大航程紀錄，比先前由法國的瑪麗莎・巴斯蒂所保持的紀錄還多出五百六十八哩（約九百一十四公里）。

尼可斯小姐同時也是橫越美國東岸至西岸時間最短的紀錄保持人，以及西岸至東岸時間最短的女性紀錄保持人，兩項成績分別是十六小時又五十九分半，以及十三小時又二十一分。當然，這些時間僅包含真正的飛行時間，並不含中途在堪薩斯州的威奇托（Wichita）落地過夜、加油並檢查引擎的時間。截至目前為止，未曾有女性飛行員成功完成橫跨美國東西岸的不落地飛行，不過，等各位閱讀本書時，情況或許已經改變。

尼可斯小姐的飛行顧問是鼎鼎大名的張柏林，他因一九二七年載著查爾斯・列文（Charles Levine）橫渡大西洋而聲名大噪，尼可斯的單飛橫渡大西洋的計畫，就是由張柏林幫忙籌畫。她的首次嘗試因飛機在加拿大新布朗斯維克省（New Brunswick）南部聖約翰市（St. John）的一個小原野受損而告失敗，但我相信她遲早會再次挑戰。

最近，尼可斯才駕著飛機，送自己的大弟到凱利機場（Kelly Field）空軍訓練中心接受飛行訓練，這對女性飛行員而言，應該是個創舉。她的另一位弟弟目前在長島某座機場工作，同時接受飛行訓練，唯一的妹妹則擔任飛行員祕書，這使得她家族中的年輕一代全都踏入飛行界。

尼可斯小姐相當注重穿著，隨時都打扮地出色迷人，即使在空中飛行，她也盡量選擇自己偏愛的紫色系服裝，她同時擁有一套特製的紫色皮革飛行服和紫色頭盔。

另一位知名的女性飛行員是艾莉諾·史密斯，在尼可斯打破她的紀錄之前，她曾以二萬七千四百一十八呎（約八千三百五十七公尺）的高度，成為創下最高飛行紀錄的女性飛行員。在失去紀錄寶座之後，史密斯很快便嘗試將其奪回，不幸，在該次挑戰過程中，她在二萬五千呎（約七千六百二十公尺）的高空上，因氧氣管斷裂而昏厥，在飛機失速墜落了四千呎（約一千二百一十九公尺）之後，她才恢復意識，此時飛機離地面僅二千呎（約六百一十公尺），她最後成功控制飛機，在一處空地安全降落。為了證明自己並未因此而喪失勇氣，她隔了不過一星期，便再次挑戰。

常聽人說史密斯小姐從學會走路便開始學飛，不論這個說法是否可信，至少根據官方紀錄，她在八歲時便已搭機升空。當時史密斯一家人住在長島的舊寇帝斯機場（Curtiss Field）附近，她的父親是演員，卻著迷於飛行，史密斯十歲時，便經常在父親上飛行課時，在機場附近玩耍，許多飛行員也樂得載她升空，甚至讓她在空中操控飛機。

十五歲那年，父親買了一架飛機，但卻規定在她滿十八歲前不准單飛，要她接受這項規定似乎有些困難。為了早日達成飛行心願，她用自己存的一點錢請人替她上飛行課：每天早上五點，她便起床偷溜出門上課，並在家人進房叫醒她之前溜回被窩，等父母發現時，她已經自認飛得不錯了。

史密斯十八歲時，便嘗試開創個人的飛行紀錄。一九二八年十月的一個星期天下午，她駕機鑽過一個個橫跨東河（East River）上方的橋梁底部，此舉不但引來不小的騷動，更給自己帶來麻煩，美國商務部為此暫時吊銷她的飛行執照。

三個月後，她再度升空，挑戰由芭比・特勞德所保持的女性最長時間單飛紀錄，她在一月底的冷空氣中，獨自在開放的駕駛艙中，繞行長島各個飛行基地。據說她在十三個小時之後，看到地面有光不斷閃爍，以為出了什麼問題，因此立即降落，回到地面時，她已凍得不成人形，在得知她僅以一小時的時間差打破了先前的紀錄之後，不禁感到惋惜。這項新紀錄不久便由芭比・特勞德和露易絲・塔登先後打破，不過，史密斯很快便以二十六小時的時間再度封后。在美國，她仍是該項飛行紀錄的保持人。

一九二九年，史密斯和特勞德共同在加州做了一項空中加油的嘗試。那一次她們駕駛的飛機其實並不適合這樣的任務，但她們卻成功在空中停留了四十二小時，最後因空中加油機機件故障、無法繼續提供服務而終止。

史密斯小姐曾經駕駛過許多不同機型的飛機，也都操控自如，但她偏好大型飛機，對此她自有一番哲理，有人曾引述她說的話：「開輕型飛機不受重視，其實重型飛機並不會比較難以操控，但一般人的認知卻是如此，他們甚至還認為女性只會駕駛小飛機。」這種說法的確與事實相當貼近。

飛行就像現代人所追求的各種挑戰，當事人需要有適度的表演空間，來幫助自己度過某些艱困時期，尤其是以飛行為業的人，或是視飛行為高度競爭事業的人。

史密斯小姐所從事的其他工作中，與飛行搭得上線的，是每星期一次的飛行新聞廣播，她同時也是稱職的飛行比賽評論員，因為她口齒清晰、反應快，對參賽者又多有瞭解。

史密斯小姐的穿著打扮非常隨性，經常讓人眼睛一亮，時下流行的服飾是她的最愛，在比賽中，我就看過她穿著各式各樣的衣服，從傳統馬褲，到大紅的海灘裝或短褲，應有盡有。

的確，穿什麼衣服對飛行技巧毫無影響；而任何飛行員，無論男女，也都可以依自己的喜好打扮，進入駕駛艙。

這一點，我想有必要稍作說明。社會大眾一直到最近才瞭解，其實飛行與人類所從事的其他活動，並沒兩樣，因此飛行員也直到最近才開始穿著日常服裝從事飛行活動。在以前，一個人的穿著若不像個飛行員，那他的飛行員身分極可能受到質疑。為了讓社會大眾以正常的眼光來看待飛行活動，數年前我就決定盡一份心力，捨棄特製的飛行服，改穿傳統運動服，加上裙子，不論在機場活動或坐在駕駛艙中，我都盡量以平常的衣著出現，有時更以一般包頭的帽子取代頭盔，將護目鏡直接戴在帽子上。我以這樣的裝扮登上飛機，就像上車一樣，幾乎每次都讓旁觀的民眾大吃一驚。

如今情況已大為改觀，隨著人們對罩式飛機與飛行活動越來越熟悉，飛行員的穿著和其他對飛行員的限制，也越來越有彈性，這是包括我在內獻身飛行的人士所樂見的現象。現今的飛行員可依實際需要或價錢等因素的考量，穿著任何服裝從事飛行活動，當然，服勤時必須穿著制服的情況則不在此列。話雖如此，卻有一位女性飛行員，堅持不穿平時的衣裙上飛機，否則不接受機場的任何服務，即使她當天開的是罩式飛機，還是穿著長褲；有時她真的以裙子上場，也一定在座位旁放上一個頭盔，於降落時套在頭上，好讓機場的服務人員對她刮目相看。

因此，飛行員的穿著的確與飛行活動有著重要的關聯，我在本書中也一再提及這一點，因為我認為，飛行員的打扮不僅可以凸顯個人特質，也可讓社會大眾看到飛行界整體發展的一些端倪。

話題回到艾莉諾．史密斯，最近她買了一架與尼可斯小姐同樣機型的洛克希德機，沒人知道她心裡有何盤算。

第十三章　傑出女性飛行員

所有女性飛行員中，最令人感興趣的大概是安・林白（Anne Lindbergh），這一方面當然是拜她先生的名聲所賜，一方面則是她自己的個性和對飛行的態度使然。

林白夫人的個性溫柔謙遜，沒有一絲矯揉做作的姿態，或氣勢凌人的優越感。她長得嬌小玲瓏，但在人群當中，卻自然流露出令人仰慕的魅力；她的五官中，最吸引人的是那對藍色大眼睛，長長的睫毛下經常帶著好奇神情，坦率地直視周遭每個人，但在面對攝影記者時卻又顯得刻意迴避。寬寬的額頭帶著一種聰穎的氣質，棕色的短髮向後梳，形成自然的波浪；她的皮膚白皙粉嫩，嘴角則隨時帶著笑意。

林白夫人的穿著和其態度一樣，簡單樸實，不論開飛機與否，她都是秉持一貫的真誠自然。通常她穿的是平時上街的衣服或運動服，但待在開放式的駕駛艙中，她就不得不穿上飛行裝才得以禦寒，包裹在笨重大衣下，她顯得特別嬌小，站在她那身長超過一百八十公分的丈夫旁，活像一隻泰迪熊。

林白夫人的第一次單飛，是在長島希克斯維爾的「飛行鄉村俱樂部」完成的，她並於一九三一年取得私人飛行執照。

曾有記者問我：「林白夫人究竟是怎樣的人？她都做些什麼？說些什麼？對世人而言，她是個充滿神祕色彩的人物。」

我無法回答他的問題，但我知道，林白夫人的生活並無祕密可言，有的只是自然的沉默寡言。她是個不尋常的人，但絕不神祕，她做自己愛做的事，看書、寫作、開車，偶爾隨興溜出家門到想去的地方。就我所知，她並沒有特別喜愛的運動或玩樂方式。

「妳真的喜愛飛行嗎？」

「飛行的感覺如何？」

林白夫人經常聽到這兩個問題，發問者絕大多數是女性。第二個問題其實是每個有飛行經驗的人都常要面對的問題，至於第一個問題，林白夫人的回答恐怕會讓許多人感到驚訝：在遇到林白上校之前，她其實已經對飛行很有興趣，並決定有朝一日要自己駕機升空。

有次在加州林白夫人明確向我談到這一點，當時她的話並不多，但態度誠懇。我倆都經常以飛行的方式往返各地，面對這樣一個有志一同的女人，她道出了對飛行的熱愛。她明確表示，雖然飛行並非她的事業，但她覺得任何以飛行為業的女性，應該都可從中獲得最大的樂趣。

她接著概述自己的「飛行哲學」。這個無疑是全美最知名的女性，結合了飛機乘客和女性飛行員的身分，談到自己對飛行的信念。她表示，飛行是促進現今社會進步的重要行業之一，這種新型的交通工具，已成為人類生活中極重要的一部分，雖然飛行的重要性不如人們對於吃與住的需求，但卻能滿足人類對於舒適感和許多慾望的追求。

我第一次與林白夫人見面，是在跨美商業飛行首航的客機上。這個由「跨陸航空公司」啟動、全程四十八小時的跨美商業飛行，我很榮幸以乘客身分參與其中，我們由東岸出發，向西飛行；同時間，由林白上校駕駛的首架西岸至東岸的跨美客機，則由洛杉磯起飛。在亞利桑納州，我所乘坐的西行班機改由林白上校駕駛，一路到達加州，當時他帶著夫人同行。

之後，我在洛杉磯的一個好客家庭中，再度與林白夫人見面，我們同時受邀到此家庭過夜。對於我這個遠自長島飛來的客人，林白夫婦絲毫不感到意外，對他們而言，這與來自三十幾公里外的長灘並無兩樣。飛行的確縮短了長途旅行的時間，若快速飛行，不消十二小時便可橫跨美國，即使以一般商務客機的速度，也只要三十六小時便可抵達。

我舉一個最近在洛杉磯的親身經驗為例。有一次我突然想起，當天必須出席一個在中西部某個城市的晚餐會，從洛杉磯到當地相隔近二千一百公里，我當然選擇開飛機過去。當天早上我還在離美味雞肉大餐三十六小時火車車程之外，若主辦單位當時得知我人還在遙遠的西岸，必定急得像熱鍋上的螞蟻。結果，我足足早到了兩個小時。

對我而言，林白夫婦最顯著的特點是，凡事一同攜手完成，即使在那架嶄新的橘紅帶黑的飛機首飛之時，林白夫人也隨行在側。林白夫人跟隨先生做長途飛行，不但毫無怨言，更是個能幹的幫手。我經常聽林白上校說，當年他獨自飛行時，有些機上的事情很難處理得好，如今在飛行上，他顯然越來越依賴太太的協助。林白夫人在飛機上擔任攝影工作，或者在上校忙著測量太陽高度以計算坐標位置時，接下駕駛的重任。當年他們共同駕機橫越美國大陸時，創下了十四小時又四十五分的紀錄，林白夫人在該趟旅程中，執行的是領航員任務，負責用六分儀為上校引領方向。在飛往東方的那一趟旅程中，她則增加了無線電操作員的工作。

林白夫婦倆都視飛行為例行工作，每趟跨美飛行，他們通常是各提一只手提箱就上路，而身上的穿戴不過多了個降落傘。林白夫人從不曾使用這個緊急救命工具，不過上校倒是使用過四次，這使他具有加入神祕「卡特彼勒俱樂部」（Caterpillar Club）的資格，因為成為該俱樂部成員的條件，是必須有至少一次的降落傘逃生經驗。

林白上校夫婦

世界圖片中心（Wide World Photos）提供

談到行李，我第一次飛到加州時（自此我有多次跨美飛行的經驗），與我的祕書同行，我們帶了許多工作，打算以流動辦公室的方式隨時辦公。從寒冷的東岸向西飛行，並且要在如夏天般溫暖的加州停留六個星期，我們自然要準備許多行李，加上降落傘和緊急備用的口糧，我們林林總總共帶了十三件行李。

回程時，林白夫婦前來送行，上校望著車上堆積如山的行李，很不以為然地問道：「妳帶那麼多行李做什麼？」

在我解釋的同時，隱約覺得上校在心裡暗自做了一番比較。

他面帶微笑，轉頭告誡太太一番：「妳可別學壞了！」

我的飛機很大，要塞進這堆行李一點也不難，因此若硬說我違反了飛行傳統，我也不覺得內疚。

關於林白夫人，我覺得她個性上最大的特點是勇氣十足。在她溫柔的外表下，藏著大無畏的勇氣，隨時準備以無比的耐心迎接體力與精神上的嚴格考驗。除了上校的飛行事業，這對夫妻經常以飛行的方式探索世界，橫渡海洋、飛越叢林，並在西部沙漠鳥不生蛋的地方，享受「坐下來歇歇」的愉悅，在任何可能降落的地點，享受野外露營的樂趣。

對林白夫婦而言，飛行實在不是什麼了不起的志業，但他們卻經常受邀「為飛行」做各式各樣的事，好像這是一種善行或愛國的壯舉。雖然飛行是他們生活中極重要的事，但他們卻不認為這有何偉大可言，對他們來說，這不過是一個職業，一個現實，一個與二十世紀任何發展同時存在的事實。

史上第一位取得運輸飛行執照的女性是菲比．奧姆利。她在一九二〇年以跳傘開啟了自己的飛行生涯，同時也挑戰在飛行中的飛機機翼上步行，她並於一九二一年七月十日打破女子的飛行高度紀錄。菲比的先生曾任空軍上尉，在一次世界大戰期間擔任飛行教官，有十一年的飛行經驗。菲比在打破紀錄之後，與先生共同在田納西州曼菲斯設立美國南方規模最大的飛行學校，取名為「中南航空學校」（Mid South Airways）。

學校成立的頭幾年，許多飛行課程都由奧姆利夫人親自教授，直到有天某個學生飛行途中突然「僵」住，她費盡力氣也無法將他的手指從方向盤上扳開。

這種事情的確可能發生，有些人在極端恐懼時，身體會突然僵住，手緊緊嵌住身旁的物品，除非將他打昏，否則無法將手指扳開。當一個人在極度恐慌時，可能緊緊抓住車子的方向盤，眼睜睜看著車子掉落懸崖，卻無力挽救。一個落水即將溺斃的人，也可能在絕望中緊緊抓住救難人員，將其一同拖入水中。

在人類開始飛行的初期，尤其在不需通過健檢即可從事飛行活動的年代，偶爾會有學員發生前述情況，他們的手指會緊緊抓住方向盤不放，教練別無他法，只能拿手邊能取得的工具將其打昏。如今，飛機上可能設有手動解除開關，可在必要時從駕駛艙中解除雙人操控裝置。在以前，教練則會在身旁擺上一個類似止索栓的東西，以備緊急之需。

話說奧姆利夫人在事件發生時，也許因為身材過於矮小，無法碰觸坐在前座那個僵住的學員，只能無助地坐以待斃。這件意外在她身上造成的傷疤還清晰可見，自此，她便很少親自教授飛行課程。

近幾年，奧姆利夫人持續在伊利諾州莫林（Moline）的一家飛機製造商服務，擔任該公司出產的「莫諾庫普」（Monocoupe）硬殼式飛機的駕駛工作；在美國境內，她算是駕駛這型飛機的佼佼者，贏得不少比賽，並締造許多飛行紀錄。為了這份工作，她每年夏天有好幾個月必須將曼菲斯飛行學校的校務交由先生管理，自己單獨待在北方。

奧姆利夫婦也利用飛行從事商業活動，包括從空中噴灑農藥。這種航空服務對於農業日益重要，尤其在盛產棉花的美國南部，象蟲危害的問題相當嚴重，農人經常疲於奔命，現在他們已經懂得利用飛機從空中噴灑農藥，以降低蟲害。

奧姆利夫人對於救災助人，也展現了高度的技能和無私的勇氣。當年密西西比河氾濫成災，對曼菲斯地區造成嚴重災害之際，醫療用品和紅十字會醫護人員，卻因橋梁斷裂或道路淹沒，無法進入災區救援。在如此緊急的狀況下，奧姆利夫人駕著飛機，成功將醫藥和食物補給品送到無數災民的手上。如今，奧姆利夫婦在曼菲斯經營的飛行學校，辦得有聲有色，前途可說一片光明。

另一對我認識的飛行夫妻檔是馬薩里夫婦（Marsalis），先生威廉（William）和太太法蘭西斯（Frances）共同在「紐約市立飛機場」（New York Municipal Airport）經營飛行學校；法蘭西斯在婚後，仍有不少人以娘家姓氏哈瑞爾（Harrell）來稱呼她。馬薩里夫人與其他熱衷飛行的女性一樣，曾經參與各種飛行表演，是「寇帝斯表演公司」（Curtiss Exhibition Company）旗下的一名大將，跟隨公司巡迴美國各地做特技表演或編隊飛行。若有學員要求由女教練教授飛行，這位經驗老道的飛行高手也會義不容辭披掛上場。

其他的飛行夫妻檔還包括來自加州長灘的歐達尼爾夫婦以及來自聖路易的海茲利普夫婦。

另外，值得一提的是塔登夫婦。先生賀伯（Herb Thaden）是一次世界大戰期間的美國空軍飛行員，曾經設計一型全金屬飛機，交由匹茲堡一家飛機製造商生產製造，之後，他受雇於「通用航空公司」（General Aviation）的技術部門，該公司是美國「通用汽車公司」（General Motors）的關係企業，負責「福克機」

的製造。太太露易絲則負責示範飛行先生設計的飛機，並接送公司主管往返美國各地。露易絲．塔登曾一度成為女性飛行最久的紀錄保持人，並如前所述，榮獲第一次女子飛行比賽冠軍。她曾經擔任「九十九人」社團社長達兩年，被公認是世上最佳女性飛行員之一。

露易絲和我曾經做了一項有趣的嘗試，證明空中交通的價值所在。就在她產後的數個星期，「全美飛行大賽」在芝加哥舉行，這是飛行界的大事，所有飛行員不論身處何處，都期待能親身參與盛會，即便只有一天也好。但醫師卻禁止露易絲前往，他說：「妳想想看，妳起碼得在火車上顛簸十一個小時才會到達，等妳再搭火車回到家，恐怕已經不成人形，我怎麼可能答應妳的請求？」

「那我搭飛機去，可以嗎？」露易絲不死心地追問。

「搭飛機得花多久時間？」

「大概三、四個小時。」

「假如妳找得到人載妳，並在飛機上休息，兩天內回來，我可以考慮看看。」

露易絲知道我要從紐約出發，因此打電話給我，請我中途到匹茲堡接她，我當然樂意幫這個忙，結果我們才花了三個小時就抵達芝加哥；她返家接受檢查之後，醫師承認，此行並未對她的身體造成任何影響。順道一提，她的兒子至今不到兩歲，卻已經有好幾個小時的空中飛行經驗了。事實上，大多數的飛行夫妻檔也都是讓孩子自小就搭飛機。

現今的女性飛行員中，飛行技巧獨樹一格的要算是身材嬌小的羅拉・英格斯（Laura Ingalls）。就我所知，英格斯最初是在美國東部一所學校學習飛行，只是那裡的教練並未讓她如願成為飛行員，但她並不氣餒，很快便轉到另一所學校，並順利考上飛行執照。

特別值得一提的，是她的飛行特技，她是連續在空中翻轉次數最多的女性紀錄保持人，達九百八十次，她在表演中每翻轉一次便得到一美元的酬勞。之後，她便嘗試做橫滾的特技，並成功完成七百一十四次，至今，這個成績不論男女分項皆仍是世界紀錄。

有些人對這類的特技飛行抱持反對的態度，我個人倒不覺得有何不妥。當然要做這種表演，必須要有堅固的設備才能確保安全，飛行員本身也要有相當的技巧和決心。雖然特技對飛行的發展並無實質助益，但卻能顯示飛行的各種可能。至於女性從事特技飛行，恐怕有必要持續一段時間接受社會的驗證，因為依我們的社會慣例，女性除非親身證明自己有能力從事這類活動，否則將永遠被視為是無能的代名詞。

第十四章　二十世紀的藍天先鋒

在現代女性飛行員的背後，有另一群真正的先鋒。雖然人數不多，但他們卻擁有許多我祖母所謂的「元氣」。他們的輝煌時代從一九一〇年到一九一九年，現在他們都已經不再飛行，大概除了一個仍持有商業局飛行執照的人以外。

我的雜亂敘述似乎讓歷史往回倒流了。在回憶這些現代女性飛行員到十幾年前的飛行前輩時，我想到早在所謂的飛行先鋒之前，還有其他人早已飛上藍天。我要回顧一百多年前，談一談這些最元老的「女性飛行員」。

雖然她本人從未飛上藍天，但沒有一位美國女性為人類飛行夢想做出貢獻比得上萊特兄弟（Orville and Wilbur Wright）的妹妹凱瑟琳・萊特（Katherine Wright）。

飛行器的第一次起飛是在一九〇三年十二月七日北卡羅萊納的屠魔崗（Kill Devil Hills）。這架小機器重約三百四十公斤，引擎馬力為十二匹。它在一分鐘內飛行了八百五十二呎（約二百六十公尺）。駕駛者是韋伯・萊特，他的弟弟奧維爾在地面上。

當各方為這項成就歡呼喝采時，奧維爾說了一句話：「當世人談到萊特家族時，不能忘記我們的妹妹，我們許多努力都受到她的啟發。」

萊特兄弟沒有受過大學教育，但因為父親是牧師，他們都擅長讀書而且很用功。兩兄弟擁有一間印刷公司，後來開了一間腳踏車店（且一直把航空學當成興趣），而凱瑟琳則修讀拉丁文和希臘文。後來她教拉丁文和希臘文，把賺來的錢拿去幫助她的哥哥們，讓他們可以繼續從事飛行實驗，因為這些實驗已經讓他們三餐不繼。因此凱瑟琳出錢並實際參與打造第一架飛上天空的飛行器。

我認為第一位拿到飛行員執照的女性是法國的若許女爵（Baroness de la Roche），時間是在一九一〇年。在從事飛行之前，她也賽車，是賽車比賽的名人。一九一三年，她因為一趟約一百六十哩（約二百五十七公里）的飛行，獲頒著名的女性盃（Coupe Femina）。她大約花了四小時完成這趟飛行，這是當時一項優異的飛機性能展示。

一九一一年，昆比（Harriett Quimby）得到美國第一面女性飛行執照。她是波士頓的一名記者，也曾任當時銷路頗佳的雜誌《萊斯利週刊》（*Lesilie's*

萊特兄弟第一次飛行的地點——奧維爾・萊特、美國參議員海勒姆・賓厄姆三世（Hiram Bingham）和愛蜜莉亞・艾爾哈特在北卡羅萊納州小鷹鎮（Kitty Hawk）

Weekly）的編輯。她在長島的莫桑飛行學校（Moisant）學習飛行。學校的紀錄顯示，她的課程包含三十三堂課，加上超過四個半小時的空中實習。她嘗試單人飛行後不久，莫桑學校的飛行員開始巡迴墨西哥和美國，但昆比選擇去征服別的世界。

一九〇九年，布萊里奧（Louis Bleriot）成為第一位飛越英吉利海峽的人，這項成就顯然成為昆比小姐的目標。一九一二年四月十二日，她駕駛她的單人機「布萊里奧號」，從英國迪爾（Deal）飛越英吉利海峽，順利抵達法國艾比漢（Epihen）。這是女性第一次飛越英吉利海峽，也可能是當時女性飛行員所嘗試最危險的重型飛行器飛行。

在這趟旅程中，昆比曾在濃霧中飛行。她起飛時，地面的能見度很低，但為了安全起見，她想飛得更高。因此，她在六千呎（約一千八百三十公尺）高空的雲層上，朝向陽光飛去。還好她有一個羅盤，她藉由羅盤指引在濃霧中抵達海峽彼岸。

在讚揚這次偉大的女性壯舉時，一定不能不提她當時沒有降落傘，也沒有現在的儀器設備。此外，她的飛機和引擎比今天的性能遜色很多。

我看過昆比的照片，也注意到她在那趟飛行和其他幾次飛行時的穿著。真特別的打扮！當時的飛行衣著比起現在，就像今昔的飛機本身一樣差異很大。昆比小姐的衣服質料是紫色緞布，她穿著燈籠長褲，膝蓋以下還穿著高筒鞋。她穿了一件長袖上衣，帶釦高領緊緊包裹著她的脖子。從這些舊照片中看起來，她的頭盔就像修道士的頭罩。配件是護目鏡和長手套，以及在寒冷氣候下飛行時禦寒的長皮衣。

在服裝上，今天的我們要幸運一些。在開放駕駛艙的飛機內，穿著普通長褲或當季的運動褲都很舒適。在密閉飛機內，任何上街穿的服裝都適用，因為沒有風吹的困擾。

昆比在一九一二年七月一日的波士頓飛行大會上遇難。她當時駕駛她的單人機「布萊里奧號」，這是當時最優異的飛機，但卻非常不穩定。沒有乘客時，必

昆比小姐

須放一袋沙包在飛機內的特定位置，以保持平衡。如果有乘客，他就必須坐著不動。只要沙包或乘客稍稍移動，造成重心不穩，就會釀成災難。

顯然波士頓那次就發生這種重心不穩的情況。負責這次飛行大會的威拉德（William A. P. Willard）與昆比同行。在飛行快要結束前的二千呎（約六百公尺）高空上，他不巧移動了，造成那架單人機急降而失控。威拉德的身子從空中墜落，幾秒鐘後，那位女性飛行員也墜機。

莫桑（John Moisant）是美國的飛行先驅之一，他也曾飛越英吉利海峽，早在一九一一年以前就把飛行儀器引進美國，設立了莫桑國際飛行公司（Moisant International Aviators, Inc.）。我在之前提過，昆比就是在他的飛行學校接受飛行指導。

一九一一年，莫桑在紐奧良遭遇空難。不久後，他的妹妹瑪西德（Mathilde）也開始學習飛行，並與當年僅存的莫桑巡迴團員一起展開表演。她在一九一一年與他們到墨西哥展開一連串飛行表演，在那裡飛行工具差點落入革命分子的手上，幾乎是死裡逃生。就在她哥哥去世一年後，瑪西德在紐奧良表演飛行，並獲頒一座原本送給她哥哥的獎盃。

這幾個月裡，事件頻傳。最後，一九一二年末在德州威其塔瀑布（Wichita Falls），她堅持寧願在不甚理想的天候下飛行，也不願意讓一群等候她多日的群眾失望。她在強風中降落時，顯然又被彈回半空中。為了避免傷及跑道上四散的人群，她打開節流閥，打算起飛。但起飛並未成功，她這次再度降落時發生翻轉。四散的推進器衝入油箱，使機身和飛行員陷入火海。瑪西德被救了出來，頭髮和小腿都燒傷了。

之後，莫桑家人積極地介入。他們之前就力勸女兒放棄飛行，這次他們終於得償所願。聽說她服從父母所得到的獎賞，就是獲得薩爾瓦多（San Salvador）的一座農園。經過了艱苦的五個月，瑪西德・莫桑從此不再飛行。

在早期女性飛行員中，出生於麻省林恩鎮（Lynn）的羅絲・洛（Ruth Law）非常與眾不同。她是美國第三位拿到飛行員執照的女性，我認為飛行界沒有比羅絲本人更賞心悅目的人物了。她以極大的決心追尋飛行職志，從她身上可以真正感受到女性與男性一較長短的毅力，因為當時在飛行訓練和儀器上，男性優勢遠遠超越女性；這些少數的女性只能努力爭取飛行的機會。

以下故事可以讓我們約略瞭解羅絲．洛想做的事，和她究竟如何達成創舉：一九一六年十一月初，美國飛行先驅卡爾斯特羅姆（Victor Carlstrom）展開一趟原本應是劃時代的飛行。他從芝加哥起飛，預計抵達紐約，企圖建立新的不停留長途飛行紀錄。之前從沒人飛過那麼遠。卡爾斯特羅姆駕駛一架「詹尼機」，是當時最先進的機型，並裝載了以當時標準相當重的七百八十公升油料。他飛行了四百五十二哩（約七百二十七公里）後，因油箱油料管破裂，不得不降落在賓州伊利鎮（Eire）。

同時，羅絲．洛也在計畫相同的飛行。她所駕駛的飛機是寇帝斯D式推進機（Curtiss D Pusher），油料容量是二百公升。

於是在卡爾斯特羅姆的飛行幾個星期後，她也離開芝加哥。當天風很大，她費了一番功夫才把飛機駛離格蘭特公園（Grant Park）。就算沒有額外裝載油料，那裡的地形也使飛行受到相當限制。起飛後，她的麻煩還沒有結束，因為她必須以約六十公尺的高度掠過芝加哥市上空，在建築物之間閃躲，才能抵達空曠的郊區。

由於卡爾斯特羅姆的前車之鑑，羅絲・洛特別加裝了一條塑膠管做為油料管，這樣一來她就不需要擔心它破裂。她的方向儀十分簡單，竟然只有一個羅盤、一個時鐘！但是因為她希望能創紀錄，所以她也帶了一個氣壓計以顯示自己並沒有降落。

她的飛行服是「兩層毛衣和兩層皮衣」。她選擇了當時常見的燈籠褲和一頂曲棍球毛帽。雖然有這身溫暖的裝備，坐在這架小飛機前座迎著風毫無遮蔽，想必仍十分寒冷。

然而羅絲・洛仍待在空中五小時又四十五分，直到用完最後一滴油料。她降落在紐約的霍內爾（Hornell），距離芝加哥約九百五十公里，超越伊利鎮約二百零五公里。

由於附近沒有機場，她降落在一處農場上。她僵直的身體慢慢爬出座位時，群眾中有人問她早上是否有吃東西。她搖搖頭。

「我得先修理我的飛機，才能想到吃的，」她說。

然後，她忙著用繩索把飛機固定在一棵樹上，以免被強風吹走。當她要離開時，好客的當地居民帶她到鎮上請她吃炒蛋，讓她暖暖身子。

她原本預計第一站是降落在紐約賓漢頓（Binghamton），並在當地補足油料，來自紐約漢蒙斯坡（Hammondsport）的寇帝斯飛機技師也在那裡等候維修飛機，因此羅絲・洛只裝載恰好足夠距離的油料就起飛了。在抵達賓漢頓時，她起初堅持在黑夜中繼續飛行。但在漆黑夜色和不太樂觀的天候下，她才不太情願地同意待到翌日早晨起飛。

今天，從芝加哥飛往紐約非常容易。當時所遭遇的另一項困難，是羅絲・洛飛越紐約市的歷程。當她快要抵達哈林河（Harlem River）時，引擎開始因為缺油而發出劈啪聲。因為不希望承載太多重量，她從賓漢頓起飛時所攜帶的油料顯然並不充裕。如果要把油箱內的油料完全用光，她必須搖晃機身，把油料濺入汽化器內。她就這樣一路搖晃抵達二十三街的區域，此時引擎又出現更大的麻煩。她為了攀升高度用盡最後一滴油料，然後直接滑落到在總督島（Governor's Island）上的預定降落地點。

她受到盛大的歡迎！美國前陸軍參謀長伍德將軍（Leonard Wood）在現場迎接她，現場有樂隊伴奏和旗幟揮舞著。她獲頒「飛行協會獎章」（Aero Club Medal of Merit）和二千五百元美金。為她歡呼的人還包括偉大的探險家阿蒙森（Roald Amundsen）和皮瑞（Robert Edwin Peary），以及被她超越卻表現得很大方的卡爾斯特羅姆。

羅絲·洛接下來幾年排滿了各式各樣活動，包括在鄉村做巡迴演出，其中有一件事很特別。一九一六年以前，自由女神像的火炬都是只由電燈泡點亮。紐約社交界舉辦了一場成功的活動，讓整座雕像都有足夠的燈光照明。威爾遜總統

伍德將軍迎接抵達總督島的羅絲・洛
安德伍德和安德伍德公司（Underwood & Underwood）提供

（Thomas Woodrow Wilson）和羅絲・洛是新燈啟用第一晚的主角。由總統按下燈泡開關，由她飛越自由女神像。這場表演按照計畫展開，羅絲・洛駕駛著飛機從黑暗中出現，機翼端裝著鎂光燈，機身下方以電燈泡排列著「Liberty」（自由）一字。

在幾年的巡迴表演之後，羅絲・洛和丈夫退休搬到加州，她現在仍住在那。只要我們提到飛行界的名人，一定會提到「史丁森」家族（Stinson）。雖然這家族有兩兄弟進入飛行界，我還是只想介紹他們的姊妹，瑪喬麗（Marjorie）和凱瑟琳（Katherine）。我無法一一敘述她們的所有事蹟，所以只分別描述兩人的幾個小故事。

讓我們先談談凱瑟琳。她在一九一二年取得飛行執照，隨後幾年在國內外從事表演飛行。從我所得知的，她每到一處都會得到表彰和獎章。其中一次最有趣的飛行是在一九一七年。她和羅絲・洛一樣想進入政府飛行服務單位，但卻被拒絕。不過，她向陸軍借了一架飛機，為紅十字出一趟特別任務。那是一架詹尼機，對她來說是新機型，但她只嘗試十五分鐘的雙人飛行後就開始單人駕駛。

某天下午，她從水牛城（Buffalo）出發飛往華盛頓特區，目的是把水牛城已預算超支的正式通知帶給財政部長麥卡杜（William Gibbs McAdoo）。她的第一站是紐約西拉鳩斯市（Syracuse），接著是奧巴尼郡，然後降落在哈德遜河上的凡倫斯勒島（Van Rensselaer Island）。她在奧巴尼郡待了一整晚，翌日早上繼續她的飛行。

她的導航工具值得一提。她帶了一張從水牛城到奧巴尼郡的地圖，然後跟隨紐約中央鐵路軌道抵達下一個停泊站紐約。接著，她竟然只靠著一張費城鐵路地圖折頁抵達費城和華盛頓！飛越不同的城市時，她丟出紅十字會的文宣，並在城市上方盤旋，因此第二天晚上她在華盛頓波羅球場（Polo Grounds）降落時，已經是深夜了。

在照片中，凱瑟琳．史丁森穿著一件看起來像是成衣的外套，卷髮披在肩上，綁著蝴蝶結。或許與一天飛行六百公里一樣困難的挑戰，就是讓肩上的卷髮和蝴蝶結保持整齊。這次飛行時，她的體重約四十八公斤，在駕駛艙內的她必須站起來才能讓群眾看到。

另一次值得紀念的飛行，是她超越羅絲．洛的飛行哩程紀錄。她從芝加哥啟程，和羅絲．洛的禮遇完全不同。在離開前，她以郵局職員的身分宣示，然後載著一袋裝有六十一封特別信件的郵包。她也是從芝加哥的格蘭特公園出發，然後跟隨羅絲．洛相同的路線。然而，她不但掠過伊利鎮，也掠過霍內爾，降落在賓漢頓，創下七百八十三哩（約一千二百六十公里）的新長程紀錄，也以空中飛行十小時創下耐力紀錄。

關於「友誼號」的飛行，我曾說過機組員有麥香牛乳片的補給。當我服用那些牛乳片時，不知道原來史丁森小姐早已創下前例，但在她這次的飛行紀錄中，她說：「我服用三把麥香牛乳片，每餐服用一把。」

但與羅絲．洛不同的是，凱瑟琳．史丁森在降落時遭遇了困難。她的機首朝下撞入泥濘中，造成螺旋槳斷裂。接下來的那個星期，她遭遇兩次同樣狀況，因

凱瑟琳・史丁森

為起飛的地方都缺乏機場。但她最後還是抵達了紐約，在羊頭灣（Sheepshead Bay）的一處機場降落。

即使是最簡單的跨美國大陸的飛行，在一九二〇年之前仍是很罕見而且危險的事。事實上，通常人們是用火車將飛機從一地運送到另一地做飛行表演。從當時飛機並不被認為是交通工具的這個事實，我們可以想像當時凱瑟琳．史丁森的飛行能力。

在凱瑟琳單獨飛行後兩年，姊姊瑪喬麗也決定嘗試飛行。一九一四年六月她進入岱頓市的萊特兄弟學校時，還沒滿十八足歲。

萊特兄弟其中一人看了看這位有抱負的年輕女孩說：「抱歉，我們不能接受妳入學，除非妳父母傳電報來表示同意。」如果我們從瑪喬麗對這件事的敘述來判斷，不難想像這位憤怒的年輕女孩面對萊特先生的樣子，她承認當時穿著自己最長的裙子，而這個人竟然拒收她帶來的學費，而且把她當小孩子對待。

在強烈抗議後，她同意發電報給在聖安東尼奧（San Antonio）的父母，以得到他們的正式許可。當這份同意書送達時，她以優良學生的身分獲准註冊。她之後另有四名學生加入，當然都是男性，男女比例是四比一。

當時學生使用的飛機擁有一具三十匹馬力的引擎，在許多方面和今天的機型很不同，不過也有相似處，就是它很脆弱，只能在最佳狀況下飛行，也因此飛行課程通常在天氣狀況比較好的清晨舉行。瑪喬麗描述那段日子時說，她有時候想辦法在早上飛個五分鐘，如果幸運，傍晚再飛個五分鐘。

在這樣的進度下，她花了六個星期學會如何單飛。那段期間她經歷了許多冒險活動，顯然班上學生會一起出遊，並在附近牧場玩甩繩套馬。他們也抓魚、放風箏，在機場附近流連數小時只為等待機會飛行。

凱瑟琳去看了姊姊幾次，以確定她真的不斷進步。在瑪喬麗第一次單獨飛行的前一天，凱瑟琳特別去探望她。

當時飛行員的收入來自教學或飛行表演，瑪喬麗接下來幾年同樣也在全國各地到處飛行。

一九一七年，她收到四位加拿大人拍來的電報，邀請瑪喬麗訓練他們飛行，希望自己可以加入加拿大空軍，後來還陸續有些人加入他們。瑪喬麗總共訓練了二十多人，尚不包括一些平民。在這段密集訓練的日子裡，她遇到的第一個困難，就是這些加拿大人要求必須學習「三合一」飛法。這表示她必須將飛機從翹曲機翼型（wing warping），改為擁有副機翼的飛機，原本裝備的三個操縱桿，必須設法將其中一個換成由自動方向盤操控。在她和學生與技師的合作下，這項改造工程終於完成，她也測試了這架飛機。

她和所有學生達成一個協議，就是如果她下達某個訊號時，學生就必須讓她操控飛行。她這麼做是為了克服體型障礙，因為她的個子比學生嬌小許多，在緊急情況下，力氣比不上學生，可能無法駕馭飛機。

到了現在，瑪喬麗．史丁森是唯一保有現役商業局飛行執照的女性。

第十五章　飛行女先鋒

很少人知道，在二十世紀的女性展翅高飛的一百多年前，就已經有飛行女先鋒乘坐熱氣球，開始探索飛行的無限可能。

一七八三年，法國的孟格菲（Montgolfier）兄弟在長期實驗之後，利用熱氣紙袋讓自己飛上藍天，開啟了人類升空的歷史，隔年在法國里昂，史上第一位女性也升空了！自此，女性在人類飛行史上便不曾缺席。一七九九年，第一位單飛的女性正式誕生，她是珍妮．加納林（Jeanne Geneviève Garnerin），她的丈夫便是當年著名的熱氣球飛行家安德烈．加納林（André- Jacques Garnerin），他們夫妻曾做過無數次著名的熱氣球飛行，聲名遠播。

加納林夫婦的飛行技巧極為專業，被當時的法國皇帝拿破崙封為「官方飛行員」，可惜這個封號卻在一次意外事故中被解除。之後，他們開始為人籌畫「飛行晚會」，以熱氣球飛行做為賣點，這種娛樂方式在往後幾年蔚為風潮。

前段提到的意外事故發生在巴黎，時間是一八〇四年十二月五日拿破崙加冕當天。在如此盛大的國家慶典中，加納林夫婦奉命安排空中表演節目，他們設計

Luftfahrt der Mad. Reichardt
auf der Theresien-Wiese am Oktober-Feste zu München 1820

熱氣球在德國

的活動包括釋放各式各樣、不同大小、五彩繽紛的熱氣球升空，其中最有看頭的是一個超大型氣球，頂端綁了一個巨型金色皇冠，皇冠四周懸掛五彩燈籠，象徵國運昌隆。

不料，這個超大型熱氣球升空後，遇上一陣吹往羅馬的風，不偏不倚將它帶往羅馬皇帝尼祿（Nero）的墳墓。結果原本用來對在世皇帝表達尊崇的皇冠，最後竟歪歪斜斜戴在早已作古的前人墳上，熱氣球則在闖禍後，繼續飄落在布拉恰諾湖（Bracciano），未受絲毫損傷。

這個事件給了義大利媒體大做文章的好機會，他們在報上為文，將拿破崙比喻為殘暴的尼祿，藉此修理法國人，加納林夫婦也因此遭到解職，從此不得參與皇帝的任何空中活動。

不過，當年那陣「惡風」卻持續為後人帶來厄運。加納林夫婦的遺缺由美麗聰慧的布蘭查德夫人（Madame Blanchard）接任，以她的能力要擔任這個職務可謂適得其所，一八一〇年在隆重的儀式中，布蘭查德夫人正式成為拿破崙的空中活動首長。布蘭查德夫人的丈夫是已故知名熱氣球飛行家約翰・布蘭查德（Jean Pierre Blanchard），她在三年前丈夫意外身亡後，繼承其遺志，繼續在熱氣球領域上鑽研，成為另一位熱氣球飛行家，在法國與鄰近國家中，布蘭查德夫人的聲望並不在其亡夫之下。

布蘭查德夫人必定是個非比尋常的女人，因為她不但擁有強健的身體和堅毅的性格，也兼具當年世人對女性期許的美貌與氣質，她在無數次的飛行表演中，展現了傑出的飛行技巧、明智的判斷力和過人的創造力，令人印象深刻。她同時也具有大無畏的勇氣，經常整晚獨自待在漂浮於空中看似脆弱的熱氣球上，直到清晨視線清楚之後才降落。

當年空中活動首長負責的工作，與今日當然相當不同。在當時，首長擁有的熱氣球是構成法國空軍的主力，所謂的空中交通在當時根本不存在，每趟升空之旅都是冒險的商業行為或社交活動。布蘭查德夫人所參與的空中活動，包括由皇家政府交辦的慶典節目，以及私人性質的冒險活動。

知名熱氣球飛行先驅布蘭查德夫人

在一八一五年拿破崙戰敗遭到流放後，布蘭查德夫人繼續為路易十八（Louis XVIII）效命，執行皇家政府的空中活動，直到一八一九年不幸罹難。

那場悲劇原是夫人計畫完成飛行生涯中最危險活動的壯舉。除了早期的飛行實驗，氫氣一直被用來當做填充各式氣球的氣體，雖然大家都知道這種氣體極易燃燒，但在夜間升空的場合，卻有越來越多人在活動中燃放煙火。當晚，夫人在乘坐的籃子外懸掛一個特大的架子，將工具放在架子裡，籃子裡則放了一個特製的點火用紙媒和一枚炸彈，她計畫升空到某個高度後，從空中燃放這枚炸彈。

很顯然，她升空後頭頂上方的氣囊發生漏氣現象，因為就在她拿起紙媒準備點燃炸彈之際，一股火焰竟從紙媒處射出，往上竄到熱氣球邊緣，不一會，熱氣球開始燃燒並往下沉。所有史料均記載她落在一棟房舍上，但她的死因則有不同說法，有的說死於燒傷，有的說是從屋頂掉落地面而亡。

在比空氣輕的飛行器發展史上，布蘭查德夫人一直被視為是名烈士，她的死亡也結束了法國特設的空軍辦公室一職，直到一八七一年巴黎遭到包圍之時，熱氣球才再度被拿來當做軍事用途，執行偵察任務。

十九世紀另一個值得一提的熱氣球女飛行家，是安德烈．加納林的姪女愛麗莎（Elisa Garnerin），加納林家族靠著她得以在飛行界再度揚名。愛麗莎之所以能脫穎而出，主要是她有膽識嘗試以降落傘降落。她在乘坐的小籃子上端綁一個與熱氣球相連的降落傘，在空中算好時間之後，割斷連結降落傘與熱氣球的繩子，然後打開降落傘，緩緩降落在想落地之處。

愛麗莎是個精力充沛的人，她遍遊歐洲，到處表演，不論是婚禮、晚會、慶典或是國王的加冕儀式，都可看到她表演的身影。不只是城市裡的群眾爭相邀請她表演，就連鄉下的村民，也都想辦法籌錢一睹她從空中降落的風采，她因此賺進大把表演費。相較於同期的空中飛人，愛麗莎倒像是二十世紀初以飛機為工具，到城鎮、鄉村做巡迴演出的特技飛行員。愛麗莎．加納林一生做過無數次升空、降落的表演，最後以極大歲數壽終正寢。

下一個要介紹的熱氣球女飛行家，是來自英國的瑪格麗特．格雷厄姆

（Margaret Graham），她與前述兩位傑出的女性截然不同。首先，她以非常先進的方式兼顧家庭與事業，身為七個孩子的母親，她竟能一面巡迴英國各處表演，一面將倫敦的家打點得妥妥貼貼。

格雷厄姆夫人與愛麗莎．加納林一樣，具有現代化的商業頭腦，她讓人搭乘她的熱氣球升空，索取高昂的費用。替她安排活動的人應該是她丈夫，她表演時，他幾乎都在場，有時也跟她一起升空。

格雷厄姆夫人很懂得推銷自己，她以表演為業，同時也在報章發表自身的冒險故事。我們可以想見，冒險經歷由當事人的角度說出，有時會與觀眾的敘述有所不同，尤其在發生意外事故時，當事人的說法當然更為精采，而格雷厄姆夫人的確也碰上一些意外狀況。

有一次，她被強風吹離海岸，最後降落在位於麻薩諸塞州東南普利茅斯外的大西洋上；另一次，熱氣球上晃動的抓鉤撞到一片石頭砌成的牆頂，結果碎片掉落街上，打死一名路人；還有一次，她降落速度過快，起因無疑是對氣體膨脹的

Under the Patronage of Her most Gracious Majesty
THE QUEEN.
ROYAL GARDENS
VAUXHALL.
MRS. GRAHAM
Female Aeronaut,
PARTY OF YOUNG LADIES,
BALLOON,
"VICTORIA & ALBERT,"
ROYAL GARDENS,
VAUXHALL,
THURSDAY next, July 11th, 1850.
NO EXTRA CHARGE.

宣傳早期的飛行器

速率沒有掌握清楚，從空中高速墜落導致昏迷，在醫院躺了足足六天才清醒，經過漫長時間的休養後，她展現過人的毅力和體力，重新出發，再度乘熱氣球飛上藍天。

格雷厄姆夫人喜歡將升空的場景安排在四周圍住的場地，如庭院或茶園，如此一來，看熱鬧的民眾就可以有效被隔離在遠處，想一窺究竟的好奇民眾就得付費參觀，用這種方式，她經常能收取一筆可觀的門票費。而所有做過表演的人都知道，要在一個空曠的場所收取入場費，可說困難重重。

熱氣球發明之初，每一次升空之前，免不了要進行一連串冗長卻有趣的準備工作，到了格雷厄姆夫人時代，情況依然如此。灌進熱氣球用以增進浮力的氫氣必須當場製造，一桶桶酸液和廢鐵經過化學反應不斷冒泡，民眾瞪大眼睛觀看，這種寶貴的氣體就這麼製作出來，並慢慢灌入鬆垮的氣囊中。

就在氣球逐漸漲大成形的同時，民眾的情緒也跟著沸騰。

一間具開拓性的飛行器工廠

格雷厄姆夫人是將「照明氣」[1]運用在熱氣球飛行的先驅。她從當地製作氣體的工廠購得這種氣體，不過，此一氣體的壓力過低，要在氣囊中灌進足夠的照明氣，經常要花上數小時的時間，即使事前預作準備，有時行程還是免不了受到嚴重耽擱。

對格雷厄姆夫人而言，在觀眾面前「露臉」是非常重要的，她不僅在每次升空前刻意營造自己英雄的氣氛，更設計讓自己在神祕的氣氛中，回到升空的地點，接受群眾歡呼。各位不要誤會，我這裡所指的「回到升空的地點」，並非指她乘著熱氣球回到原地降落，而是在他地降落後，從地面回到群眾聚集處。通常她會在盡量不損害熱氣球的情況下，選擇適當地點降落，然後儘速趕回會場，這期間，她會請人看好已落地的熱氣球。先前親眼目睹她升空的現場觀眾，看到她

1 譯註：十九世紀中葉至二十世紀初，主要用在照明設施上的氣體，煤氣、水煤氣、油氣等，都可做為照明氣之用。

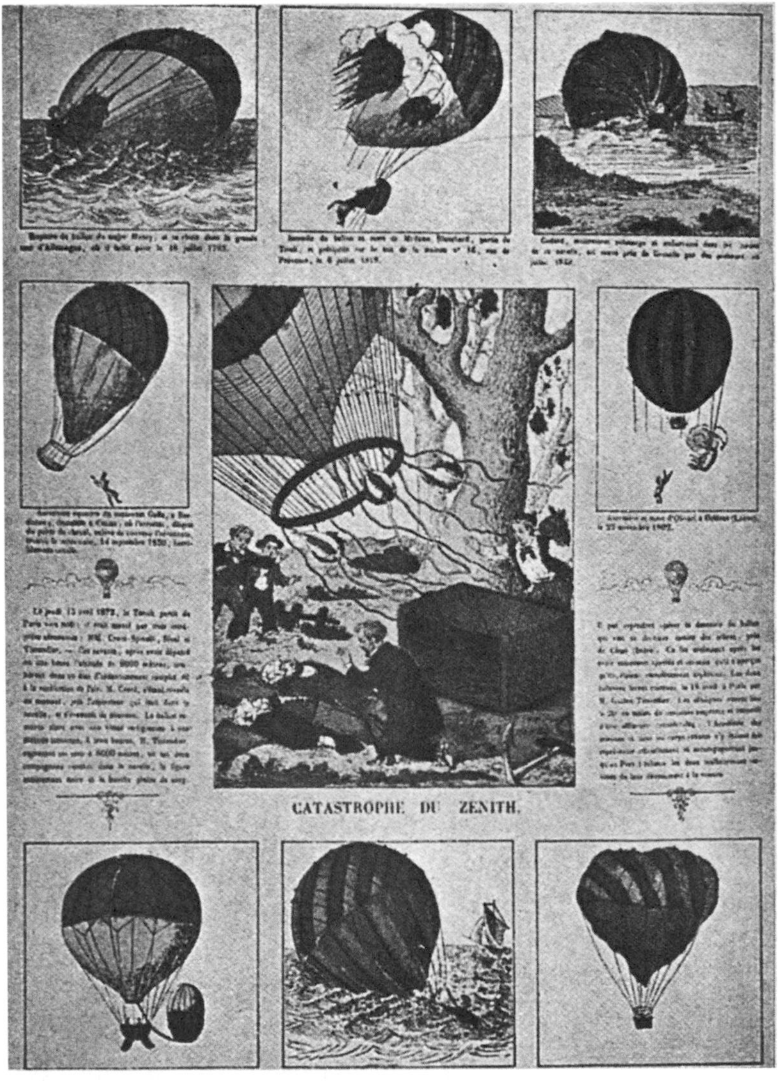

一位藝術家對早期熱氣球飛行員的警告

奇蹟似的再度現身的那一刻，總是欣喜若狂，報以熱烈掌聲，通常她會以簡短的談話結束該場演出。

她的計畫縝密周詳，雖然她希望能在最短時間內降落，並趕回去再度現身，但這期間她卻必須小心翼翼，以免有觀眾目睹降落過程。因此在夜間，她會等到黑暗遮蔽觀眾視線後再降落，至於白天，她則以高飛或低飛的方式脫離觀眾的視線範圍，然後選擇降落地點，以最快的速度下降，並在接近樹梢時做落地準備。

在此同時，地面上的格雷厄姆先生早已在馬車上，緊緊追隨太座的身影，準備在她落地之後，立刻載她回觀眾群中製造另一波高潮。通常他可以看到在馬路上方六至九公尺天空上下晃動、準備降落的熱氣球，在他協助太太落地後，便火速將她送回觀眾眼前。

格雷厄姆夫人得天獨厚，表演生涯比一般人還要長，她連續**四十年**從事熱氣球升空的表演，一生看盡熱氣球的榮衰。

夫人自稱「維多利亞時期唯一的女飛行家」，在此我要特別介紹她在表演時的裝扮。顯而易見的，熱氣球活動為她和她的姊妹們提供了各式花稍裝飾的無限運用空間，不只飛行員以此風格精心打扮，用以飛行的工具也被裝飾得美輪美奐。當年流行的絲、緞材質，也成了裝飾氣球的熱門材料，以羽毛和緞帶裝飾的飛行器，和打扮得花枝招展的表演者相互輝映、相得益彰。人類的空中娛樂，似乎在熱氣球爭奇鬥豔的這段時期達到了顛峰。

任何沒有熱氣球飛行員的慶典都不圓滿

第十六章　航空業的未來

十九世紀華麗的熱氣球與現今的飛機，當然不可同日而語，兩者不論在設計或用途上，都有著天壤之別，上個世紀的飛行家，若能看到現今地球的面貌，必定對今日的飛行活動感到陌生。航空界進步一日千里，誰能預料百年後的飛行，會是什麼狀況？未來一百年人類在飛行上的進展，是否能與過去一百年的發展相提並論呢？

當然，對未來做任何預測，錯誤的機會居多，尤其在航空界，預測的下場，通常只會被後人笑為無知。我們都知道，當年有一群尖酸刻薄的知名科學家提出數學證明，並宣稱人類永遠不可能製造出比空氣重且不需靠外力而能自行升空的機器。

我還記得，甚至於到了一九二四年，還有人認為，超過六十匹馬力的空氣冷卻噴射引擎是不可能成功的；如今，我們看到幾乎所有商務客機引擎都屬於這種類型，有些甚至於高達六百匹馬力。我也記得曾聽人說，商務航空的夜間飛行根本行不通，但今日的美國，每天卻有高達六萬三千哩（約十萬零一千四百公里）

航程在夜間進行，遠高於日間的一萬七千五百哩（約二萬八千二百公里）。

但即使如此，對未來做預測，卻也有其正面作用。

有些預測其實很快就得以實現，為了證實這一點，我舉一個前幾天聽到的對話來做說明。一名女記者和一位曾在一次世界大戰擔任飛行員的男士談到現代化的空中運輸，這位前飛行員剛下機，他正向這名記者描述在大型客機上，空服員送茶給他的情形。

他說：「桌巾、杯子和湯匙，假如在一九一八年有人告訴我，未來人類將可以輕鬆坐在飛機上喝茶，我一定會笑掉大牙。」

這位記者聽了會心一笑，並問：「你認為未來十年航空業會有何進展？」

「我想大概會循今日的模式做更細微的發展吧，到時候飛機恐怕會跟今天的火車一樣普遍，除了對飛行依然陌生的老人家，人們對於飛行不會再像我們一樣大驚小怪。」前飛行員回答。

「你的預測不夠令人興奮，你沒有更好的想法嗎？」記者說。

「我不太清楚妳的意思。」

「許多航空界的領導人都說，未來的飛機可能與今日的飛機外觀大同小異，只不過經由設計和引擎等不斷改良的技術，未來的飛機有可能達到完美的境地。但我的意思是說，是否可能出現名不見經傳的研究員在無意間發展出一套全新理論，一夕間將今日運行的法則全淘汰？這種事必定令人興奮，這是我想聽的。」

我想多數人都跟這位記者一樣，期待出人意表的未來，對他們而言，最不可能發生的事，卻是他們認定最可能會發生的事。

我曾經對一群態度相當保守的婦女發表演說，我告訴她們，兩年內，在座的每個人都可能搭過飛機，當然這不包括從來不外出旅遊的人，當場有許多人搖頭不表贊同。我接著向她們解釋，未來在空氣稀薄的高空中，以時速八百至一千六百公里飛行的飛機，可能會形成一個封閉空間，以保護乘客安全，對此，幾乎在場所有人都表示贊同。

不過，我對於航空業未來的發展，看法依然不變，即人類在發展出尖端飛行科技之前，飛機便會成為人類平日旅遊的重要交通工具。

其實，我們只要想到，人類竟然能以飛行的方式旅行，從某個地方飛抵目的地，光這一點，就足以令人嘖嘖稱奇了。早期的熱氣球飛行員對此會有何看法？他們乘熱氣球升空，有的純粹為了運動，有的為了成名，有的為了得獎，然後回到地面，對他們而言，降落在何處並不重要，當時人類從未想過要以飛行的方式到達特定地點。

如今，飛行被視為是交通工具，而不再只是消遣娛樂的活動，人們搭著飛機飛行數百公里，不再只是為了打場高爾夫球。

因此，我認為預測航空業的未來，就要順此趨勢而為，因為未來的發展極可能循此模式前進。果真如此，增加速度將成為首要克服的障礙，飛機所標榜的就是速度，若速度無法增加，那航空也就乏善可陳。現今全球特製的競技飛機，最大時速可超過六百四十公里，美國境內有些航空公司，也開始使用時速超過三百二十公里的客機，我們相信不久之後，這樣的速度必將成為常態，而競技飛機的速度更可望不斷提升。

最近有位醫師剛完成一項人體測試，他發現人的身體顯然能承受時速超過一千一百公里的旅程，不至於產生不良後果。我一直相信，人類渴望以高速航行，也相信這個願望能在時間的證明下達成，果真如此，這位醫師的話無異替我們打了一記強心針。

已經有不少專家著手改善飛機本身的設計，其中一位甚至考慮使用拋射型設計。我們知道飛機飛行超過某個速度之後，機翼將會成為繼續加速的阻礙，因此這位專家計畫設計出可伸縮的機翼，由飛行員自行控制：若飛機行進速度快，機翼便可收起；在降落、起飛或等速巡航時，機翼便視需要伸展到必要的長度。這當然是繼收放起落架之後的另一個突破性想法，目前已經有些機型增加了收放起落架的裝置。

火箭型飛機的研發也正在全球各地如火如荼的展開，有些純粹是為了尋求傳統動力設備的替代品，有些則是由滿懷熱誠的科學家在背後推動，他們希望能讓飛機飛得更遠，最好能上到月球去。

要達到以上目標，需要解決的問題當然不只增加速度一項，這種飛行器，與先前提過的平流層飛機一樣，結構必須非常堅固，且機身得完全封閉以保護乘客。在遠超過「七哩（約十一．二公里）極限」的高空上，氧氣濃度不足，人類無法正常呼吸，因此機上必須備有提供氧氣的設備。到目前為止，人類唯一一次穿越平流層的紀錄，是在去年（一九三一年）由兩位瑞士科學家奧古斯特．皮卡德和保羅．基普（Paul Kipfer）共同完成的，他們將特製的金屬球繫在氣球上，達到五萬一千七百七十五呎（約一萬五千七百八十一公尺）的飛行高度。

除了速度，人們也同時著眼於增加飛行器的載客量。就在可以容納一百六十二名乘客的DO-X型客機才剛問世的同時，另一家公司立刻提出一個建造兩倍容量的飛船計畫。我並不清楚這種空中巨無霸是否有物理原理上的限制，假如沒有，其載客量的大小可能取決於實際用途。到目前為止，高乘載飛機並未對航空公司帶來商機，經濟的陰影一直都凌駕飛機本身的發展。

每週我們都可閱讀到有關飛機未來發展的文章，無尾飛機、無翼飛機、無動力飛機，甚至由機器人取代飛行員的無人飛機，有些圖片更展示可在冰上、雪上或水上自由降落的飛機。曾有人說，飛行員真正需要的，是能降落在樹上或屋頂上的飛機，現在則有人針對這個建議，著手設計能安全降落的設備，比如飛機降落傘。

蒸汽引擎、汽油引擎、燃料油引擎等，都可能是未來飛機發展的趨勢，但較少人提及的安全設備，如引導降落的儀器和無線電設備之改良，其實更為急迫。這些設備可以協助飛行員在任何天候下，都能找到預定降落的機場，可能是海上的孤島或城市中的一小塊地，改良這種設備的工作刻不容緩，務必達到絲毫不差的境地，又得做到國際通用。

又橫渡大西洋的商務航空何時上路呢？這當然是指日可待，而且根據報導，可能來得比一般人預期的還快，而人類往返於南、北兩極有朝一日也將成為事實。套句廣告用語，人類將飛行於地球上空的每個角落。

一般人都認為，速度越快，花費越高，但在航空業情況可能正好相反，我相信飛機在未來應該會是相對便宜的交通工具。從牛車到汽車，車資隨著時速的增加而增加，若飛機真能改變這種邏輯，豈不美妙？

假如我的預言成真，鐵路業者可得小心了！他們恐怕必須替車廂加上翅膀，不然就得找一家會賺錢的航空公司來投資了。

在本章的最後，我要提醒各位，人們所期望看到的驚奇發展，唯有寄望於許許多多各個領域的人一起努力，才可能成真。先前提到的那位一次世界大戰飛行官所說的話很對，科學成就像一張拼圖，一張巨大的拼圖，任何新的發現不過是拼圖中的一片，想讓圖像更為清楚，必須仰賴周圍許多小圖片一一被發現並定位。現今不論是學校和實驗室裡的研究人員，或是獨立研究的科學家，都在努力不懈，希望能從理論的細微處深入研究，以促成更有效的飛行，另一批人則將他們發展出來的理論付諸實行。我殷切期盼，也深深相信，未來女性能繼續在航空界發揮所長，甚至超越她們前輩在過去所做的努力和貢獻。

第十七章　獨自飛越大西洋

一九三二年五月二十五日寫於倫敦

我完成本書手稿後，開始積極準備「飛越大西洋」的工作。這本書在我離開紐約之前已經完稿，但由於出版商要求，這篇文章係描寫此趟飛行的尾章，是在海外完成的補遺。

一九三二年五月二十日下午，我從紐芬蘭的格雷斯港（Harbor Grace）起飛，翌日早晨降落在愛爾蘭北部倫敦德瑞（Londonderry）附近，一共飛行了十三個半小時。簡單說，這就是我單獨飛越大西洋的故事。

打從一九二八年第一次乘坐「友誼號」飛越大西洋後，我就一直渴望嘗試一趟單獨飛行。後來，幾個月前我開始認真策畫這件事。我的「洛克希德織女星」飛機先前包租給華盛頓一家空運公司，此時正好沒有任務。我得知巴爾琴有時間重新整修它，而一向支持我飛行的丈夫，也興致勃勃地準備支持這項計畫。因為諸多原因，我們不願意事先公布這項飛行計畫；畢竟，除非它真正實現，否則也沒什麼好討論的，而且我從一開始就有打算可能隨時放棄這次計畫。

我心裡很清楚，從事這趟飛行是因為我熱愛飛行，我選擇飛越大西洋是因為我想這麼做。在某方面來說，這是一種自我實現，向自己也向所有感興趣的人證明，有充足經驗的女性絕對可以勝任此事。

我的飛機被運到紐澤西州的泰特伯勒機場（Teterboro Airport），就在紐約哈德遜河對岸。那裡有一座現已荒廢的福克機工廠，巴爾琴就住在附近，他們夫妻是我和丈夫喬治．普特南（George P. Putnam）的好友。巴爾琴是當今最優秀的飛行員之一，也是優秀的技工，受過罕見的維修訓練。他擁有令人欣賞的保守特質，在判斷事情上不疾不徐。一開始，我們就告訴巴爾琴，不管什麼時候，如果他覺得我做不來，或這架飛機不堪擔負任務，我就會放棄這趟飛行，不會難過。但巴爾琴的信心從未動搖，他的信心也大大支持了我。

首先，巴爾琴和他的助手強化飛機機身，因為在我的三年飛行期間，機身遭遇幾次重擊。然後他們在機翼上外加油箱，並在座艙內加入一座大油箱。這些油箱使燃料儲存量增加到將近一千五百九十公升，使飛機可以航行三千二百哩[1]。此外，我們還加了約七十六公升的油料。這架飛機在全負載下，重約二千五百公斤。

我們另外加裝一些儀器，包括一架偏航指示器和備用羅盤。我有三個羅盤，分別是無週期羅盤、磁羅盤和定向陀螺羅盤，可以相互檢查。

我在哈特福（Hartford）的「普惠飛機引擎公司」（Pratt&Whitney）找到一具新的「黃蜂」引擎，因為我的舊引擎已經飛行太久，不適合大西洋的辛苦旅程。這架超負載引擎可以產生五百匹馬力，在嚴苛環境下可展現優異的性能。和引擎一樣重要的是飛機的燃料和油料，在亞德林少校（Major Edwin Aldrin）這位經驗老道的飛行員指導下，我的油箱在泰特伯勒機場加滿了油，之後在聖約翰和格雷斯港加注「斯坦納福」（Stanavo）燃油和潤滑油。

在這段準備期間，這架飛機租給巴爾琴，當時他正積極與南極探險家埃爾斯沃思（Lincoln Ellsworth）籌備一趟南極飛行。埃爾斯沃思有另一架飛機正在太平洋岸打造，巴爾琴理所當然也測試我的飛機，看看是否也可以用於他們的南極之旅。同時，只要有機會，我也會從瑞依鎮的家開車去他那裡，利用零星的空檔時間飛行。多數時候我都僅靠儀器飛行，直到我有足夠把握不必朝駕駛艙外張望就能操控飛機。

隨著五月一天天過去，我們越來越注意研究天氣圖。一如對所有的飛行計畫一樣，位於紐約的美國氣象局金寶博士給予我們莫大的協助。我們從來沒有確切談論我的計畫，而且我不知道原來他直到最後才知道接下來我要做的事，但他還是一樣毫無怨言地配合我們。

五月十八日下午，天氣圖看起來很不樂觀。一個低氣壓盤旋不去，眼看無法避免大西洋東部的惡劣天氣。若要等天氣合適，看來可能又要等好幾天。儘管我極想動身往格雷斯港的碼頭準備起飛，但也幾乎做好了多等幾天的心理準備。

1 作者從格雷斯港到愛爾蘭海岸的飛行路線，最短距離是一千八百六十哩（約二千九百九十三公里）。她實際飛行的距離是二千零二十六・五哩（約三千二百六十一・三公里），從格雷斯港到巴黎的距離是二千六百四十哩（約三千三百一十五・三公里）。

五月二十日星期五，我丈夫到城裡去，我則在中午前開車到泰特伯勒機場和巴爾琴談事情，順便飛一下。飛機那時已經準備好蓄勢待發。我大約在十一點三十分抵達，技師葛斯基（Eddie Gorski）站在機棚說有我的電話。原來是我丈夫從金寶博士辦公室打來的，他們剛才看完從海上船隻、英國、美國各重要天氣站傳來早晨天氣報告。

「從這裡到格雷斯港的天氣如何？」我問道。

「很好，一路能見度極佳。」

「我們今天下午就出發，我待會去見巴爾琴，越早出發越好。」我這樣跟丈夫說。

十分鐘後，我和巴爾琴談話過後，回電給丈夫說我們計畫下午三點起飛。我連吃午餐的機會都沒有，趕緊飛車開回瑞依鎮。我回家換上馬靴和風衣，打包我的皮製飛行裝、地圖和一些雜物，再飛車回機場。

我在二點五十五分抵達機場。我們在三點十五分起飛。三小時又三十分後我們抵達新布朗斯維克的聖約翰。翌日一大清早我們飛往紐芬蘭的格雷斯港，下午二點十五分抵達，我丈夫發來的詳盡氣象報告已經在那裡等著我們。氣象預報不算完美，但很樂觀。我們原本打算傍晚離開格雷斯港，這樣到了晚上油料應該會減輕一些，而且我仍然精神充沛，可以從事夜間飛行。

當我和葛斯基在外加油箱後方的機身內休息時，巴爾琴已經將飛機駕至格雷斯港。決定啟程時間後，我留下巴爾琴和葛斯基檢查飛機和引擎，自個兒找到一張舒適的床打個小盹。當我被叫醒時，也睡飽了。最後捎來的幾封電報確認了我們的決定。在機場，引擎已經熱機，我拿到丈夫發的最後一封電報。我與巴爾琴和葛斯基握了手，爬入機艙。此時的西南風正適合起飛。七點十二分，我啟程了。飛機的速度越來越快，儘管負載不輕，它仍輕鬆起飛。

一分鐘後，我飛向大海。

出發後數小時，餘暉下的天候極佳，月亮從一片矮雲下方緩緩升起。剛開始數小時，我的飛行高度約在一萬二千呎（約三千六百五十八公尺）。接著發生了一件我十二年的飛行生涯中，從未發生的事。測量飛機距離地表距離的高度表竟然失靈了。突然間，指針開在標度盤上無意義地搖擺著，我知道在接下來的飛行旅程中，這個儀器派不上用場了。

深夜十一點三十分左右，月亮消失在雲層後方，我闖進了一場閃電交加的暴風雨中，飛機被撞擊得很厲害，我幾乎無法掌控航道。事實上，因為風雨很大，此時我可能已經偏離航道相當遠。這個狀況持續至少一小時，然後飛機駛入較平穩的天候，但仍在雲層中。當我在一瞬間瞥見月亮時，想到可以飛離到雲層上方，於是爬升了約半小時後，突然發現飛機上都是冰。

我知道因為爬升的速度不像平常那麼快，以至於機身上累積了一層厚冰，然後我看到玻璃板上的殘冰。另外，冰晶開始覆蓋在風速顯示器上，我無法看到正確速度。

在這樣的情況下，飛機勢必得飛入較暖和的空氣中，於是我又往下飛，希望積冰可以融化。我不斷下降直到看到海浪，即使無法判定究竟離海面多遠。我就這樣保持低空飛行，直到雲霧降到極低，使我不敢維持在這個高度飛行，因為以今日的設備，我們尚無法以極接近地面的高度從事儀器飛行。

此時別無他法，只能尋找一個中間高度，也就是說，我必須飛在飛機會累積冰晶的高度下方，且要與海面保持足夠距離。但是如果此時我能知道自己的高度，這個方法應該會容易許多。

後來，我設法再度攀升，但結果依然相同。於是我放棄了，只好在一團「迷湯」中穿越前進，再也不往機艙外張望，等候白天的來臨。我靠著現有的儀器指引我飛機的位置，因為在這種情況下，靠腦力和經驗也派不上用場。若非配備了最精良的設備，我可能永遠無法完成這趟飛行。只要每十五分鐘校正一次，定向陀螺羅盤是這次旅途中最不受到亂流影響的儀器，是牢靠的救命工具。

飛離紐芬蘭約四小時後，我注意到從歧管圈上的焊接破縫竄出了一小撮藍色火焰。我知道時間越久，火焰會越來越大。但飛機很重，我希望它能撐到我降落。我真的很後悔看到那處破縫，因為夜晚的火焰看起來比在白天更令人擔憂。

黎明破曉時，我發現自己置身在兩層雲層之間，上層非常高，大約二萬呎（約六千一百公尺），下層蓬鬆的白雲很接近海面。這是我在白天第一次看到海。

我注意到兩層白雲間有一道西北風。下方的白雲很快聚集，宛如一大片雪地。我可以看到飛機翼緣前端還沒融化的冰晶。不久我又往上拉升一點，進入另一片雲層。在這片雲層中至少飛行一小時後，才飛到一片晴朗無雲的天空，再度飛在雪地上方。

此時，上雲層已經變薄，陽光可以穿透，就像在真實的白雪上閃閃發亮。雖然我戴著護目鏡，卻仍覺得刺眼無比，於是往下飛越雲層設法獲得遮蔽。

總之，已經過去十小時，我希望能看到海面以免錯過船隻。我離開格雷斯港後沒多久，曾看到一艘船。我閃了導航燈光，但顯然沒人看到我，因為我飛得很高。然後，我又看到一艘漁船或油輪駛離愛爾蘭海岸，但直到在海岸附近遇到一艘船艦之前，這兩艘船是我旅途中唯一看到的船隻。

之後，我看到了陽光和低懸的雲層，雖然這些雲層非常靠近海面，但我大多

俯瞰一艘航空母艦

都維持在雲層上方。

順道一提，我並不太擔心自己的飲食，最要緊的配給是引擎吃的燃料，因為它要消耗一千一百三十六公升以上的汽油。我自己飛越大西洋的配給只有一罐番茄汁，我在罐頭上打洞後，以吸管飲用。

當然，最後兩小時是最艱難的。我的排氣歧管喘息得很大聲，打開貯存油箱時，發現在漏油。我決定應該往下飛到最近的地點，不論那是哪裡。我已經一整夜都飛行在固定的羅盤航道上。現在我改為往正東方，決定飛往愛爾蘭。我不希望錯過愛爾蘭的北端，但是天候很差無法看得很遠。當時我想自己應該是在航道的南邊，因為紐約的氣象員曾告訴我，在那個方向我會遇到下雨。當我進入暴風雨時，以為自己可能在他所預測的「天候」裡。然後下方的白雲層吹了一道西北風時，我很確信自己一定在航道南邊。事實上，我當時可能就在預定的航道上，而且正在愛爾蘭的中間。

我開始往下飛往海岸，但在山丘間遇到了暴風雨。在高度表失靈以及不瞭解地形的情況下，我怕會撞到山，所以不敢穿越這場風雨，於是我轉向天候看起來似乎較佳的北方，然後很快就看見一條鐵路，便跟隨著它，希望能通往城市，因為有城市就可能會有機場。

我第一個飛到的地方是倫敦德瑞，我在城鎮上方盤旋尋找降落場，但只找到一處可愛的草原。我想我很成功地把鄉間的牛群嚇跑了，因為好不容易在一片又長又斜的草原上降落之前，我已低空嘗試了好幾次。在那種情況下，我也無法挑剔要更好的降落設施了。

在那裡，我結束了這趟飛行和我的快樂冒險。在此之後，在英國、法國、義大利、比利時和美國的友人那裡，還有許多熱情友好的冒險故事等待著我。

|探險與旅行經典文庫| 012 ML015

飛行的樂趣

The Fun of it

作者 愛蜜莉亞・艾爾哈特 Amelia Earhart
譯者 馬英、陳俐雯
封面設計 陳文德
排版 張彩梅
策劃選書 詹宏志
總編輯 郭寶秀
編輯協力 許景理

發行人 凃玉雲
出版 馬可孛羅文化
104台北市民生東路2段141號5樓
電話：886-2-25007696
發行 英屬蓋曼群島商家庭傳媒股份有限公司城邦分公司
104台北市中山區民生東路2段141號11樓
客服服務專線：(886)2-25007718；25007719
24小時傳真專線：(886)2-25001990；25001991
服務時間：週一至週五9:00—12:00；13:00—17:00
劃撥帳號：19863813 戶名：書虫股份有限公司
讀者服務信箱：service@readingclub.com.tw
香港發行所 城邦（香港）出版集團有限公司
香港灣仔駱克道193號東超商業中心1樓
電話：(852)25086231 傳真：(852)25789337
E-mail：hkcite@biznetvigator.com
馬新發行所 城邦（馬新）出版集團 Cite (M) Sdn Bhd.
41-3, Jalan Radin Anum, Bandar Baru Sri Petaling,
57000 Kuala Lumpur, Malaysia.
電話：(603)90563833 傳真：(603)90576622
讀者服務信箱：services@cite.com.my
輸出印刷 中原造像股份有限公司
一版一刷 2022年5月12日
定　價 450元

ISBN：978-986-0767-89-6（平裝）
ISBN：9789860767902（EPUB）
城邦讀書花園
www.cite.com.tw

國家圖書館出版品預行編目（CIP）資料

飛行的樂趣／愛蜜莉亞・艾爾哈特（Amelia Earhart）作；馬英、陳俐雯譯. -- 初版. -- 臺北市：馬可孛羅文化出版：英屬蓋曼群島商家庭傳媒股份有限公司城邦分公司發行, 2022.05
面； 公分--（探險與旅行經典文庫；12）
譯自：The fun of it
ISBN 978-986-0767-89-6（平裝）

1. CST：艾爾哈特（Earhart, Amelia, 1897-1937）
2. CST：飛行員 3. CST：傳記

447.8 111003552